U0247829

Carbon Peaking and Carbon Neutrality Goals
Effects of Carbon Emissions Trading on Electric Power Equipment Industry

“碳达峰、碳中和”进程中
碳排放权交易对电力装备产业影响的研究

崔鹤松 著

ZHEJIANG UNIVERSITY PRESS
浙江大学出版社

图书在版编目（CIP）数据

“碳达峰、碳中和”进程中碳排放权交易对电力装备产业影响的研究 / 崔鹤松著. -- 杭州：浙江大学出版社，2022.1
ISBN 978-7-308-22367-6

Ⅰ.碳… Ⅱ.①崔… Ⅲ.①二氧化碳－排污交易－影响－电力工业－工业发展－研究－中国 Ⅳ.①X511 ②F426.61

中国版本图书馆CIP数据核字（2022）第032570号

“碳达峰、碳中和”进程中碳排放权交易对电力装备产业影响的研究
崔鹤松 著

责任编辑 陈佩钰（yukin_chen@zju.edu.cn）
责任校对 许艺涛
封面设计 周 灵
出版发行 浙江大学出版社
（杭州市天目山路148号 邮政编码310007）
（网址：http：//www.zjupress.com）
排 版 杭州隆盛图文制作有限公司
印 刷 杭州钱江彩色印务有限公司
开 本 787mm×1092mm 1/16
印 张 8.25
字 数 100千
版 印 次 2022年1月第1版 2022年1月第1次印刷
书 号 ISBN 978-7-308-22367-6
定 价 88.00元

1. 本书选题来源于中国电器工业协会和机械工业北京电工技术经济研究所组织的电力装备“碳达峰、碳中和”相关研究项目。

2. 本书受《中华人民共和国著作权法》等法律保护，未经作者书面授权，任何个人和机构不得对本书进行发表、署名、修改、复制、发行等任何方式的使用。引用本书请注明书名和作者，不得对本书进行有悖原意的删节或修改。

3. 本书部分数据及图片等信息均引自公开资料，引用来源已在参考文献中列出。

4. 本书部分内容基于引用信息撰写，受引用信息的准确性及完整性等因素影响，内容可能与实际情况存在差异，观点仅供参考。

前 言

放眼全球，2005年生效的《京都议定书》是碳排放权交易机制的最初依据，欧盟排放交易体系（EU ETS）同期启动，是目前世界上最大的碳排放权交易市场，在国际碳排放权交易市场建设中具有示范作用。全球应对气候变化进程在2016年《巴黎协定》生效后将进入新阶段，国际碳排放权交易市场蓬勃发展，一批新的碳排放权交易市场正在建设。欧盟计划从2023年起实施与EU ETS相结合的碳边境调节机制（CBAM），并于2026年起正式对部分行业产品征收碳关税。外贸企业要规划发展战略积极应对。

聚焦我国，党的十八大报告提出，积极开展碳排放权交易试点；党的十八届三中全会提出，发展环保市场，推行碳排放权交易制度，建立市场化机制；党的十九大报告提出，建立健全绿色低碳循环发展的经济体系。我国先后建立了8个碳排放权交易试点，为建设全国碳排放权交易市场积累了丰富经验。我国最终构建了以覆盖范围、配额总量与分配、MRV（监测、报告、核查）机制、履约机制、抵消机制为核心要素，以交易管理、支撑系统、调控机制为基本保障，以法规、规章和技术、规则文件为根本依据的碳排放权交易框架；形成了国家主管部门、地方主管部门、交易主体和第三方机构深度参与的良好局面；根据抵消机制，又形成强制配额市场和自愿减排市场相结合的市场结构。

2021年7月16日，全国碳排放权交易市场上线交易正式启动，标志着我国应对气候变化和推进绿色低碳发展的市场机制正式落地。建设全国碳排放权交易市场是以习近平同志为核心的党中央作出的重要决策，是重大的制度创新、重要的政策工具，有助于加快实现碳达峰、碳中和目标。全国碳排放权交易市场正在由模拟运行期向深化完善期过渡，目前处于“抓大放小”、碳排放配额较宽松阶段，仅纳入了电力行业中的发电行业。我国碳排放权交易市场有巨大潜力，在全面覆盖8个行业后或将成为世界最大碳排放权交易市场。

电力装备产业暂无计划纳入全国碳排放权交易市场。而电力装备产业作为电力行业的上游，未来主要受到碳排放权交易溢出效应的影响。目前碳价较低，由发电行业传导的间接影响较小，行业企业有较为宽裕的时间进行低碳技术转型。

行业企业应深刻认识“能源产业将从资源属性切换到制造业属性”和“我国将从能源进口国转变成能源装备和服务出口国”的基本形势，把握“提高能源生产端可再生能源比例、能源消费端电力电子设备比例”的发展机遇，加强忧患意识，以碳交易满足新型电力系统需求为切入点，积极应对碳交易的溢出效应，为实现碳达峰、碳中和目标提供先进、可靠的技术与装备。

目录

第一章　碳交易背景情况

第二章　碳交易运行机制

第三章　国际碳交易市场

第四章　国内碳交易市场

第五章　电力装备产业碳交易分析与措施建议

第六章　结论和展望

第一章 碳交易背景情况

第一章 碳交易背景情况

一、应对气候变化进入新阶段

1. 气候变化与人类文明

“天不言而四时行，地不语而百物生。”人类存在的时间，在地质演变的进程、宇宙演变的进程中微不足道，甚至在全球性的剧烈气候变化进程中也十分短暂，而气候变化对人类的影响却是巨大的。约 260 万年前，地球进入了第四纪时期，全球气候呈现出显著的冰期和间冰期旋回，大型陆生哺乳动物大规模灭绝，生物界的景象与现在十分相似，猿进化成人类并迅速发展。

约 1.7 万年前，第四纪最后一个冰期结束，全球进入间冰期，气温回升，海平面上涨，人类活动范围扩大，和其他动植物向更高纬度地区迁徙。然而约 1.3 万年前，“新仙女木事件”爆发，全球变暖进程中断，气温持续下降了一千余年，全球平均气温下降超过 6℃，已迁徙的动植物大量死亡。

在这样的自然环境中，人类向较低纬度地区迁徙，并在巨大压力之下催生了新的生活方式，从采集和狩猎转变为聚集、分工、种植作物等，给后来在低纬度地区出现的部落、城邦、农耕文明打下了基础。约 11500 年前，气温才又回升，自此全球气候温湿而稳定，这给人类文明的发展创造了优渥的自然条件（见图 1-1）。

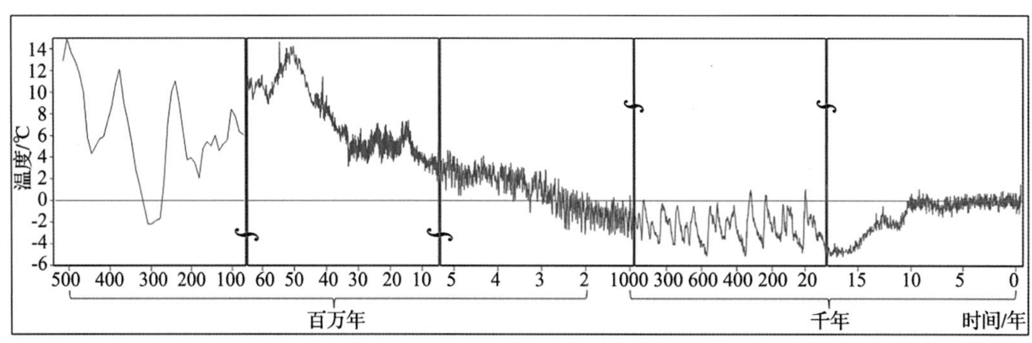

图 1−1　近 5 亿年全球温度变化曲线（基准为 1960—1990 年平均温度）

近 5000 年以来，我国先后出现了 4 个温度骤降的小冰期，每次小冰期时自然灾害多发，对社会稳定造成了一定影响。例如最近的 16 世纪初到 19 世纪末的“明清小冰期”，北方的酷寒使降雨区域普遍南移，出现全国性的大旱灾，是朝代更迭的重要原因之一（见图 1-2）。

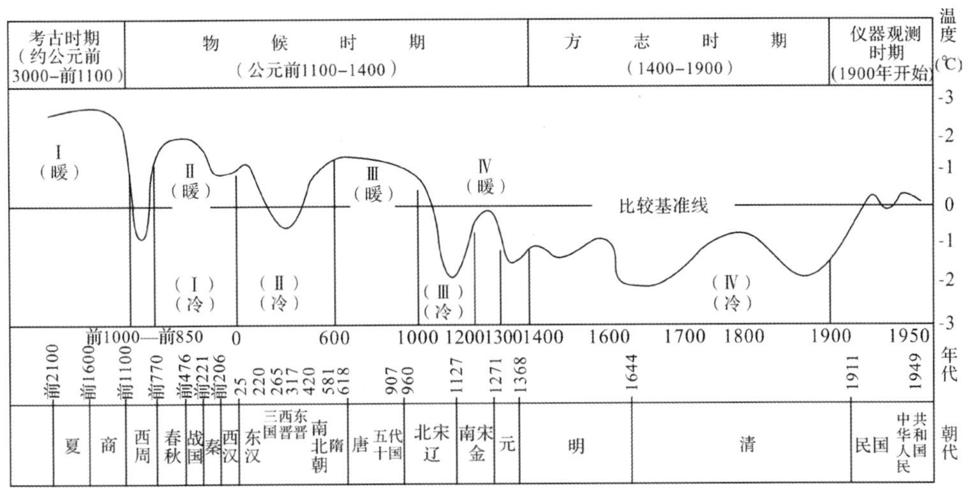

图 1-2　近 5000 年我国温度变化曲线

气候变化会影响人类的生活方式、生活地区、社会特点等，因此为了维持长期稳定的生存局面，人类应妥善应对气候变化。

2. 气候变化与大气二氧化碳浓度

地球气温主要是由太阳辐射到地球表面的速率和地球红外辐射及大气逸散的速率决定的，这两个速率长期保持平衡。大气中的 CO_2、N_2O、CH_4、O_3、CFC 等气体，可以透过太阳的短波辐射，同时吸收和反射地球的长波辐射，因此地球向外的热量净排放减少，从而使大气和地表变热，即“温室效应”，前述气体也就是“温室气体”。已经发现的温室气体有近 30 种，其中 CO_2 占比最高，CH_4、CFC、NO_x 等影响较大（见表 1-1）。

表 1-1　主要温室气体

气体	大气中浓度 /ppm	年增长率 /%	温室效应 /CO_2=1	现有贡献率 /%	主要来源
CO_2	410.5	0.64	1	66	煤、石油、天然气、森林砍伐

续表

气体	大气中浓度/ppm	年增长率/%	温室效应/CO_2=1	现有贡献率/%	主要来源
CH_4	1.877	0.43	11	16	湿地、稻田、化石燃料、牲畜
N_2O	0.33	0.27	270	7	化石燃料、化肥、森林砍伐

大气二氧化碳浓度主要是由植物、部分微生物通过光合作用从大气中吸收并固化碳的速率和生物通过呼吸作用将碳释放到大气中的速率决定的，且前者大于后者。但由于大自然火灾、土壤的固化与海洋的吸收，大气二氧化碳浓度处于长期稳定。

约 3 亿 ~3.6 亿年前，部分生物残骸在分解之前被掩埋，形成有机沉积物，在合适的条件下转变成化石燃料，这是碳固化过剩的产物。化石燃料和岩石圈共同组成地球上最大的碳库。

经长期气候数据比较，全球气温和二氧化碳浓度显著相关（见图 1-3）。

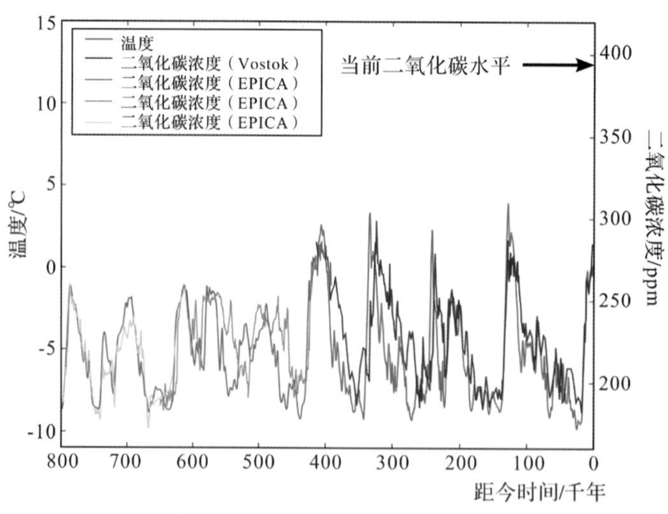

Vostok：沃斯托克冰芯数据　　EPICA：南极冰芯数据

图 1-3　近 80 万年全球气温变化与二氧化碳浓度变化曲线

3. 工业化后气候变化趋势

自古代以来到 1750 年，全球大气二氧化碳浓度约为 280ppm。1900 年以来，全球人口爆发式增长，人类急剧消耗大量化石燃料，释放了这一碳库，对碳循环产生重大影响。碳吸收速率因森林砍伐而下降，碳排放速率因呼吸和化石燃料的燃烧急剧上升，碳循环中的碳在大气碳库中滞留，全球大气二氧化碳浓度每年大约上升 1.8ppm（约 0.4%），增加的部分约等于人为排放量的一半，对全球生物生存、进化，尤其是对人类的生存环境带来严峻挑战。

（1）温室气体浓度

2019 年，全球大气二氧化碳浓度为工业化之前的 148%，甲烷为 260%，氧化亚氮为 123%；2020 年，全球大气温室气体浓度仍在不断上升（见图 1-4）。

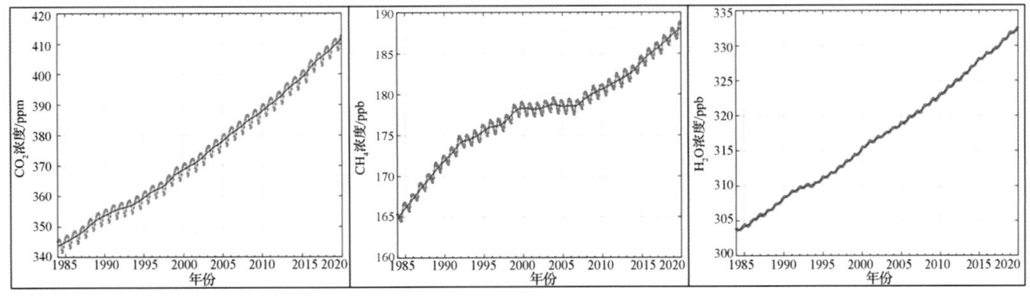

图 1-4　1985 年以来 CO_2、CH_4、N_2O 浓度变化曲线

（2）温度

2020 年，全球气温较工业化前高出 1.2℃，是 20 世纪以来温度最高的三个年份之一（见图 1-5）。亚洲地表温度比常年值高出 1.06℃，是 20 世

纪以来温度最高的年份。

2020 年 1 月，全球表面温度连续 44 次超过 20 世纪所有 1 月份的平均温度（12℃），高出 1.14℃，打破 2016 年 1 月创下的高温纪录。自有完整气象观测记录以来，1 月份温度最高的 10 年均出现在 2002 年以后。

我国受全球气候变化影响显著且十分敏感，升温速率明显高于同期全球平均值。1951 年以来我国地表温度上升势头强劲，每 10 年上升 0.26℃。

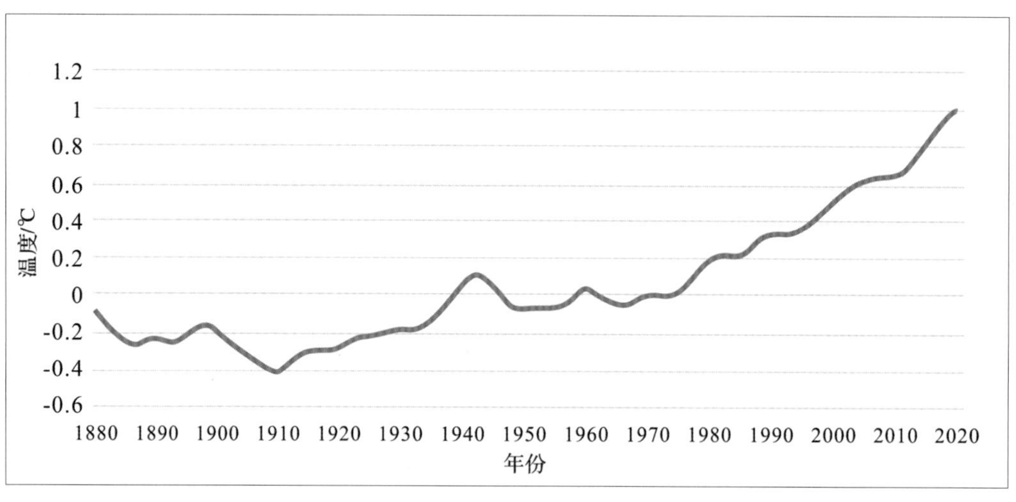

图 1-5　1880 年以来全球温度变化曲线（基准为 1951—1980 年平均温度）

（3）海平面高度

20 世纪以来，全球海平面加速上升，1901—1990 年的上升速率为每年 1.4mm，1993—2020 年为每年 3.3mm，2020 年海平面达到最高值，较 20 世纪初上升了 10~25cm。

（4）海冰范围

1979 年以来，北极海冰范围波动减小，每年 9 月的海冰范围平均每

10 年减小 13.1%；2020 年 9 月北极海冰面积的是 1979 年以来同期的第二低值。2015 年以前，南极海冰范围波动增大；但 2016 年以来海冰范围总体以减小为主（见图 1-6）。

北极海冰覆盖面积较 1981—2010 年的平均值低 5.3%，南极海冰覆盖面积低 9.8%。

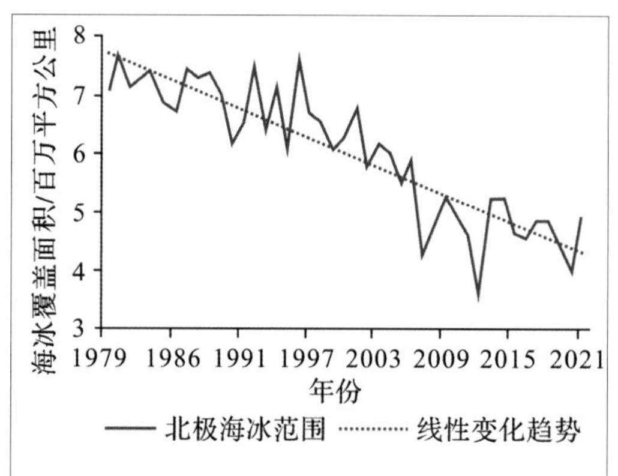

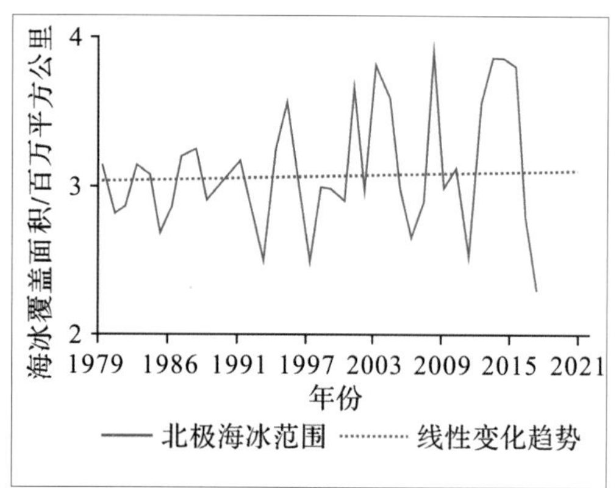

图 1-6　1979 年以来北极、南极海冰范围变化

（5）极端天气事件

全球温度每升高 1℃，大气可以容纳的最大水蒸气含量就会增加约 7%，降水增多 1%~2%。因此温度升高后，降水前的空气含水量更大，进而使干旱期更长，降水更加猛烈。

2021 年 2 月，美国南部连续两次的冬季风暴，导致至少 82 人死亡。3 月，澳大利亚部分地区短时间降水量达 1000mm，引发巨大洪水，约 2 万人流离失所。6 月，俄罗斯在北极圈内的“世界上最冷的村庄”最高气温达到了 38℃，同期欧洲北部多国气温也创下历史最高纪录；美国、加拿大、墨西哥部分地区气温超过40℃，水库枯竭。7月，美国西部11个州95%的面积处于严重干旱，同时爆发大规模火情，过火面积近5000平方公里，火情又进一步加剧了高温和干旱。形成强烈反差的是，在6—7月北极圈罕见高温、美国严重干旱的同时，中国、日本、韩国、印度、吉尔吉斯斯坦、乌兹别克斯坦等亚洲国家以及法国、德国、卢森堡、荷兰、瑞士等西欧国家却出现强降雨天气，造成多人死亡。21世纪以来，极端天气事件在全球造成约48万人死亡，约2.56万亿美元经济损失。

极端天气事件使我国气候风险水平上升。1961—2020年，我国极端强降水事件增多、极端低温事件减少；1995年以来极端高温事件明显增多，登陆我国的台风平均强度波动增长。这使得我国气候风险指数在1991—2020年的平均值（6.8）较1961—1990年（4.3）增加了58%。

极端天气事件的增多和增强，根本上是因为气候变化加剧了气温和降水模式的变化。因为气温升高会加速水循环，所以在潮湿地区降水更猛烈的同时，干旱地区降水量会进一步减少。

4. 全球共同应对气候变化

人类实际上已经处在一个命运共同体中，为了共同应对气候变化、维护当前的生存环境，成立了政府间气候变化专业委员会（IPCC）、气候议程机构间委员会（IACCA）等国际组织。人类应对气候变化的措施不断与时俱进，形成以应对人类共同挑战为目的的全球价值观，并逐步达成国际共识。

《联合国气候变化框架公约》《京都议定书》《巴黎协定》相继通过，

这是人类应对全球气候变化的三个关键的国际条约。《巴黎协定》作为最新条约，提出了“全球平均气温增幅控制在低于 2℃的水平，并向 1.5℃温控目标努力”（在没有应对气候变化政策的情景下，到 21 世纪末全球平均温升可达到 3.8℃）的长期目标，在这一目标下，我国二氧化碳排放量将在未来十年内大幅下降（见图 1-7）；确立了在 2020 年以后，全球应对气候变化的核心机制为“国家自主贡献”。这标志着全球应对气候变化将进入新阶段，达到前所未有的新高度。

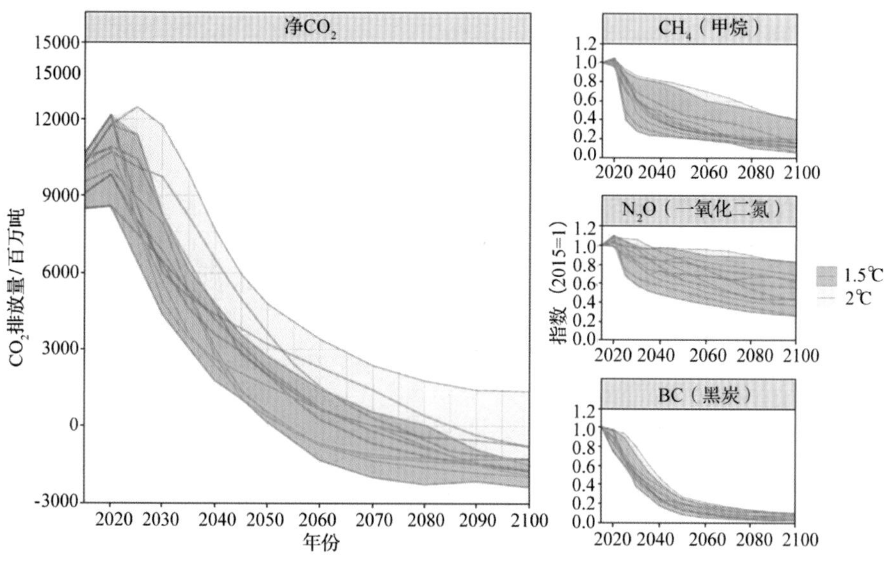

	累计CO_2排放量（2016-2050）[$GtCO_2$]		相比2015年的化石能源CO_2减排量［%］		相比2015年的温室气体减排比例［%］		达峰年份	碳中和年份		
	包含AFOLU*	化石燃料	2035	2050	2035	2050		包含AFOLU的CO_2排放	化石燃料的CO_2排放	《京都议定书》温室气体
1.5℃	150-260	120-220	45-65	75-100	45-70	75-90	~2020	2050-2080	2050-2080	2060-2090
2℃	200-330	170-290	10-45	60-80	15-55	55-75	2020-2030	2065-2100	2060-2100	2070-2100

* 农业、林业和其他土地利用（AFOLU）

图 1-7　“1.5℃、2.0℃”目标下我国二氧化碳排放量预测

这一全球应对气候变化的大变局，是机遇也是挑战。电力装备产业要沉着应对这一大变局，就要牢牢把握“能源产业将从资源属性切换到制造业属性”的重大变革，紧跟“我国将从能源进口国转变成能源装备和服务出口国”的时代脚步。

二、碳达峰、碳中和与碳交易

1. 实现碳达峰、碳中和目标的基本原理

2015 年，《巴黎协定》提出，全球温室气体排放尽快达到峰值，并在 21 世纪下半叶实现人为温室气体排放与吸收相平衡，进一步要求全球碳排放量到 2030 年控制在 400 亿吨以内。2020 年 9 月，国家主席习近平郑重宣布了提高国家自主贡献力度的碳达峰、碳中和目标，同年进一步宣布了 4 项约束指标。碳达峰、碳中和的目标在国际、国家两个层面均得到明确。

碳达峰，是某个地区或行业实现年度二氧化碳排放量由增转降的历史拐点。碳中和，是人为造成的二氧化碳排放量与二氧化碳吸收量抵消，实现“净零排放”。因此，碳达峰是碳中和的必要条件，且碳达峰的时间和峰值将影响碳中和的时间和难度，所以应由碳中和战略规划引领碳达峰行动方案。

实现碳达峰、碳中和目标，需要从碳减排、碳吸收两方面着手。碳减排是指通过提高能源利用效率、提高可再生能源比例或按需消费能源，从而减少某一人为过程中二氧化碳等温室气体的排放量，比如淘汰或更换高

排放的老旧设备、驾驶电动汽车、节约用电等。碳吸收是指通过生物、土壤、海洋、工程技术等手段将游离的二氧化碳等温室气体固化并储存起来，设法减少大气中的碳存量，比如林业碳汇、地质封存、化工再利用等。

显然，碳减排只能尽量降低人为过程中的碳排放量，尽可能地趋近零排放；由于技术限制或成本过高，对于全社会中最终也无法通过碳减排优化的碳排放量，必须通过碳吸收才能实现零碳排放和负碳排放（见图 1-8）。

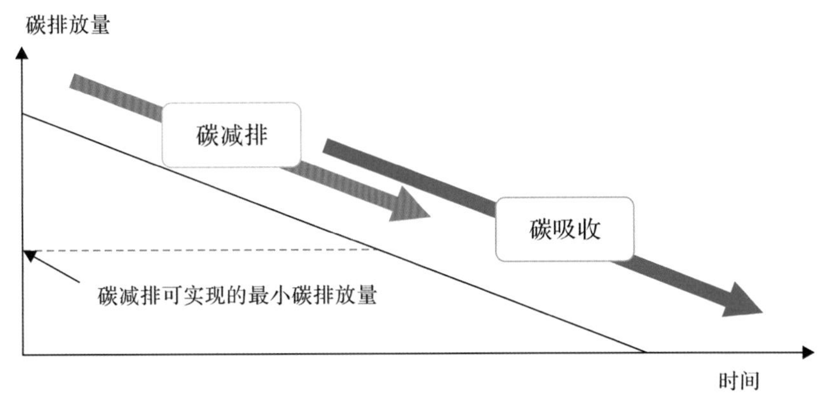

图 1-8　通过碳吸收才能实现零碳排放

因此，碳减排是实现碳达峰的充分条件，碳吸收是实现碳中和的必要条件。当前，碳减排政策与技术经过多年发展已有一定基础，但产业革新、转型升级、技术突破仍有瓶颈；碳吸收技术尚在试点示范阶段，或将形成全新的碳吸收产业。

实现局部碳达峰相对容易，比如北京、武汉等城市已实现碳达峰，甚至铁路等行业也已实现近零排放；而实现总体碳中和，在我国这样一个碳排放量占全球近三分之一的国家中将会极具挑战。

2. 碳交易优化全社会碳减排成本

碳排放权交易简称为“碳交易”，重点聚焦碳减排，暂不涉及碳吸收。在碳交易机制下，碳排放权是一种有严格界定的产权，经强制规定，碳排放付出成本，碳减排获得收益，这促成减排成本高的单位向减排成本低的单位购买碳排放权的局面。当全社会（碳交易覆盖的所有单位）的碳排放边际收益与边际成本平衡时，碳减排成本达到最优，再通过宏观的调节手段，可以在一定程度上控制排放边际收益与边际成本的平衡点。

三、全球碳交易政策基础

随着全球气候异常现象给许多地区带来了灾难，影响到世界经济运行、粮食产量和人类生存环境，气候变化问题逐渐引起国际社会的重视，并于1979年召开了世界气候大会，专门研究气候变化问题。

自1992年全国人大常委会批准国务院总理签署《联合国气候变化框架公约》开始，到现在习近平主席在联合国大会、气候变化大会、气候雄心峰会、领导人气候峰会、金砖国家峰会、G20峰会、世界经济论坛“达沃斯议程”对话会等国际会议上的重要发言，多次提及碳达峰、碳中和以及碳交易，充分体现了我国作为碳排放大国之一，深度参与国际合作的积极性，展现了我国政府和人民助力全球生态文明建设、应对全球气候环境挑战的使命担当，以及“为世界谋大同”、推动构建人类命运共同体的博大胸襟（见图1-9）。

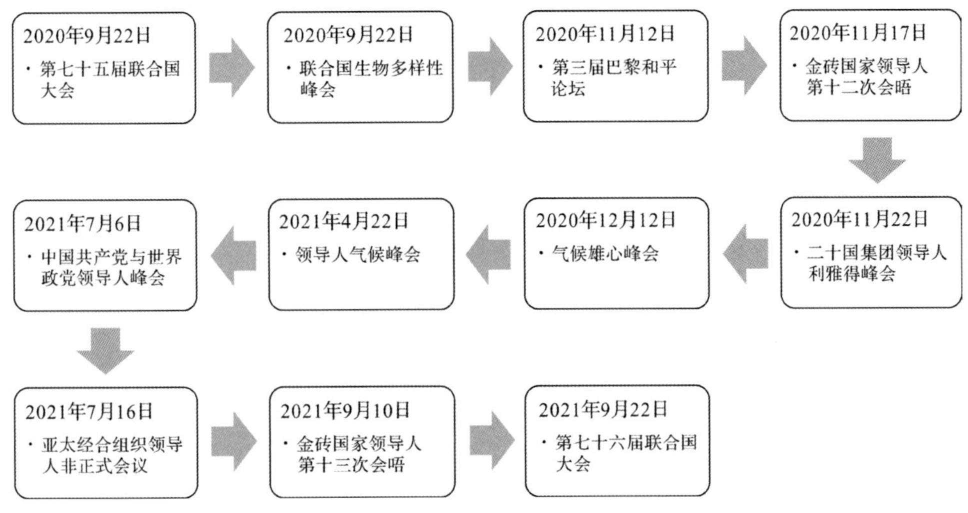

图 1-9　2020—2021 年国家主席习近平提及碳中和的重要讲话

1.《联合国气候变化框架公约》

《联合国气候变化框架公约》（以下简称《公约》）是人类历史上第一个通过全面控制二氧化碳等温室气体排放，应对全球气候变暖问题的国际公约，也是国际社会应对全球气候变化合作的基本框架。我国于 1992 年经全国人大批准加入《公约》，《公约》有以下核心内容:

（1）确立“将大气温室气体浓度维持在一个稳定的水平，防止人类活动对气候系统的危险干扰”这一应对气候变化的最终目标；

（2）确立“共同但有区别的责任”原则、可持续发展原则等国际合作应对气候变化的基本原则；

（3）明确发达国家应率先减排，同时向发展中国家提供资金技术支持，并承认发展中国家需优先消除贫困、发展经济。

2.《京都议定书》

《京都议定书》(以下简称《议定书》)首次提出"排放交易"市场机制，其后续修正案和一系列决定完善了该机制，为碳交易提供了强制性规则，也是我国探索建立碳排放权交易的基础。《议定书》于2005年生效，《议定书》及其后续修正案有以下主要内容：

(1)欧盟成员国、澳大利亚等发达国家和经济转型国家承诺在2020年前将温室气体的全部排放量相比1990年的水平至少减少18%；

(2)明确7种温室气体；

(3)提出3种"灵活履约机制"作为温室气体减排新路径。

《公约》和《议定书》奠定了国际社会应对全球气候变化的合作基础，是权威性、普遍性、全面性的合作框架。

3.《巴黎协定》

2009年至2012年的多次《公约》缔约方大会未能取得实质性进展。2015年，习近平主席出席《公约》第二十一次缔约方大会暨《议定书》第十一次缔约方大会开幕活动并发表重要讲话，强调了我国应对气候变化的雄心，提出"建立全国碳排放交易市场"。

这次大会最终达成《巴黎协定》，对2020年后应对气候变化的国际机制作出安排，在多个核心问题上取得进展，标志着全球应对气候变化将进入新阶段。后续的会议通过了一系列实施细则，对实施《巴黎协定》的细节作出具体安排。

2016年，我国签署《巴黎协定》，随后批准、生效。《巴黎协定》有

以下主要内容:

(1)提出"2℃、1.5℃"目标、全球温室气体"达峰、中和"目标;

(2)探索建立以"自愿合作"和"可持续发展"为重要原则的市场机制，目的是实现"全球排放的全面减缓";

(3)建立了"承诺+评审"的"国家自主贡献"合作模式，即各国自主制定、通报并保持贡献的目标、方案等，再依据评估结果自愿提高贡献力度;

(4)明确发达国家应继续以提供资金等方式支持发展中国家，鼓励发展中国家逐步减排。

在这些国际政策的背景下，一方面，通过一系列规定和产权确立，温室气体的排放行为受到限制，导致排放权和减排量开始稀缺，并成为一种有价交换物。这种稀缺的资产在世界各地分布不均匀，催生了排放权的流动。

另一方面，发达国家相对发展中国家能源利用效率较高，能源结构相对优化，新的能源技术被大量采用，因此本国进一步减排的成本极高，难度较大，而发展中国家正相反。这使得同一减排单位在不同国家成本形成价差，同时减排量在发达国家的需求和发展国家的供应都很大，这样就产生了碳交易的内驱动力。

第二章　碳交易运行机制

第二章 碳交易运行机制

碳交易制度的核心，就是要使市场在社会的碳排放权配置中处于主体地位，对其价格有直接决定权。

一、碳交易经济学原理

碳交易是解决碳排放的经济负外部效应问题的途径之一，解决该问题的途径主要有庇古税和科斯定理两种。

1. 经济外部性

马歇尔（Marshall）创造了“外部经济”概念，即在规模工业中因企业间分工而提高效率的情形。在这一情形下，某一制造企业的效率受到外部影响，也对外部产生影响。马歇尔将影响企业成本变化的各种因素分为内部和外部两个方面。后人在这一概念上延伸出了“经济外部性”概念。

经济外部性是指经济主体的一项经济活动对其他个体产生了影响，却没有承担这种影响的成本或收益。这种影响以是否使企业以外的社会主体收益而分为正外部性和负外部性。由于这种影响是非市场化的，所以当出现外部性问题的时候，自由竞争将不能使得资源达到最优配置。因此，须将这一影响内部化，使收益和成本转移到经济主体内。

庇古税和科斯定理是为了解决这一问题，进而重新发挥市场的作用，普遍在实践中应用的内部化理论。

2. 庇古税

庇古（Pigou）继续扩充“外部经济”概念，把外部性问题的研究转移到经济主体受到其他经济主体的影响上来，并提出“庇古税”（Pigovian tax）政策建议。

该政策要求在某一经济活动中，为了使自身与社会成本相等，对自身成本小于社会成本的经济主体征税，给自身收益小于社会收益的经济主体补贴。

该政策的核心是税率和补贴额度，实施成本较低，但因信息不对称、制度运行迟滞等使得确定合适的税率和补贴额度非常困难。

3. 科斯定理

科斯（Coase）通过清晰界定造成社会成本的经济活动的权利，从而降低社会成本，被后人称为“科斯定理”（Coase Theorem）。

该定理指出，假设没有交易成本而且产权界定清晰，那么无论产权初始如何配置，都可以通过市场交易达到产权的最佳配置状态。即在完全竞争条件下，自身成本等于社会成本。然而在交易成本不为零的情况下，不同的产权初始配置会带来不同的配置结果状态。因此合适的产权制度是使资源配置达到最优的基础。

科斯定理下企业生产的边际效益与其污染造成的边际损失可以达到平衡，在政府的宏观调控下可以改变这一平衡点（见图 2-1）。

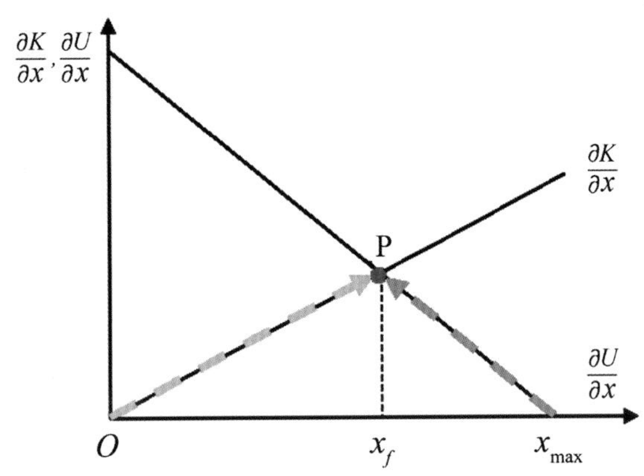

图 2-1　科斯定理使排污权配置达到帕累托最优

其中，$\frac{\partial U}{\partial x}$ 为企业生产的边际效益，$\frac{\partial K}{\partial x}$ 为企业污染造成的损失，x 为企业污染物排放量，x_f 为企业效益最大时的污染物排放量，x_{max} 为企业最大污染物排放量。

以科斯定理为基础的交易制度有总量控制目标明确、资源配置市场化的特点，进而有促进金融发展的优势，但在实行中也有产权制度和交易制度建设成本较高、市场复杂性难以准确预测等困难。与庇古税相比，政府的职能从罚款和补贴转变为促进交易的达成。

外部性问题在涉及公共资源的分配中很常见，并且环境本身具有很强的公共性。具体来看，整个社会共同承担污染环境的成本，而污染者却获得收益。因此，在生产过程中污染环境的行为具有明显的负外部性，而解决负外部性的理论和方案在现实中也常用于解决减少环境污染问题。

二、碳交易的减排机制

碳交易的根本目的是使全社会碳减排成本最优。

1. 基本概念与逻辑

全球温室气体中二氧化碳占比最大，因此其他温室气体排放量的计量单位通常换算为吨二氧化碳当量（tCO_2e），并统称为碳排放。

碳排放权交易是排污权交易的一种。戴尔斯（Dales）提出排污权交易概念，并指出其基本逻辑是政府作为社会的代表及环境资源的拥有者，以竞价的方式出售排放污染物的权利；向社会排放污染物的主体可以从政府或其他主体手中购买这种权利，排污权在各主体之间可以交易或转让。这是一种通过经济手段来控制环境污染的理念，同时排污权交易可使减排成本降至最低，并可用于控制空气污染。

因此，碳排放权是向自然环境排放温室气体的权利，是对自然环境气体容量资源的使用权。其中，自然环境气体容量资源是有限的，同时碳排放权是可以通过监测等手段明确界定的。

碳交易在《议定书》中确立为市场机制，社会主体将碳排放权作为一种有价值的资产，在市场上交易，而从事这种排放权交易的市场被称为“碳交易市场”，简称为“碳市场”。其基本逻辑是：政府设置一个社会碳排放总量，向社会主体分配碳排放配额，这些配额可以在市场上进行交易，从而可以实现社会整体上的低碳减排。

2. 碳定价

碳排放权是大宗商品，具有金融资产属性，其定价会影响气候治理。我国气候治理顶层设计的关键在于碳定价的制度设计。碳定价即为碳排放造成的外部性进行定价，通过要求碳排放者为其排放造成的福利损失承担成本，实现应对气候变化的管制目标。遵循法治化和市场化的原则，完善碳交易市场建设，使碳价能够真实反映纳入配额管理企业的边际减排成本。有效碳市场的碳价即企业的边际减排成本，只有当碳价高于边际减排成本时，碳交易才能发挥促进企业节能减排的职能。

3. 碳税与碳交易相结合的碳减排复合机制

在碳税政策下，政府仅确定碳价，市场决定最终排放水平，因此无法控制总排放量和碳价带来的其他影响，但运行成本低、见效快；在碳排放权交易政策下，政府确定最终排放水平，市场灵敏地决定碳价，减排效率更高，但存在市场运行成本，且效果在运行初期不显著。

正是由于这种区别，碳税政策适用于管控小微碳排放主体，碳排放权交易政策则适用于管控排放量较大的主体，因此应结合使用这两种政策，在制度运行成本较低的情况下实现对社会碳排放的全面管控（见表 2-1）。

表 2-1　碳税、碳排放权交易政策优缺点对比

政策	碳税	碳排放权交易
优点	1. 实施成本较低 2. 运行风险相对可控	1. 减排目标明确，效率较高 2. 实施阻力较小 3. 可与其他碳排放权交易市场链接，实现多地区减排成本最优
缺点	1. 减排效率较低，实施阻力较高 2. 灵活性差	1. 实施成本较高，存在寻租问题 2. 对市场成熟度和政府治理能力要求较高

4. 碳市场参与方

碳市场的排放权供给方包括核证减排项目开发商、减排成本较低的控制排放单位，以及金融组织、碳基金、银行等金融机构。需求方有两类：一类是要完成强制履约的减排成本较高的控制排放单位，另一类是出于社会责任自愿购买的单位或个人。金融机构同时担当了中介，包括交易所、交易平台、银行、保险公司、对冲基金等（见图 2-2）。

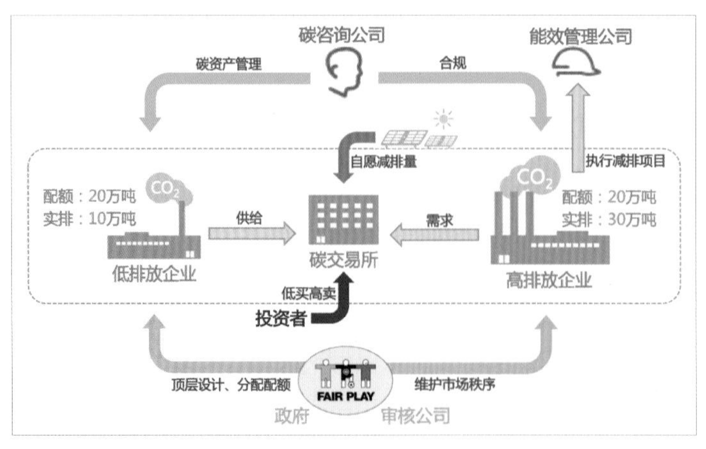

图 2-2　多方参与碳排放权交易市场

5. 碳市场运行过程

政府首先确定整体减排目标，先在一级市场将碳排放权初始分配给纳入碳交易体系的企业，企业可在二级市场交易碳排放权。由于受到经济激励，减排成本相对较低的企业会率先进行减排，并将多余的碳排放权卖给减排成本相对较高的企业并获取额外收益，同时减排成本较高的企业通过购买碳排放权可降低其达标成本，最终实现社会碳减排成本最小化（见图2-3）。

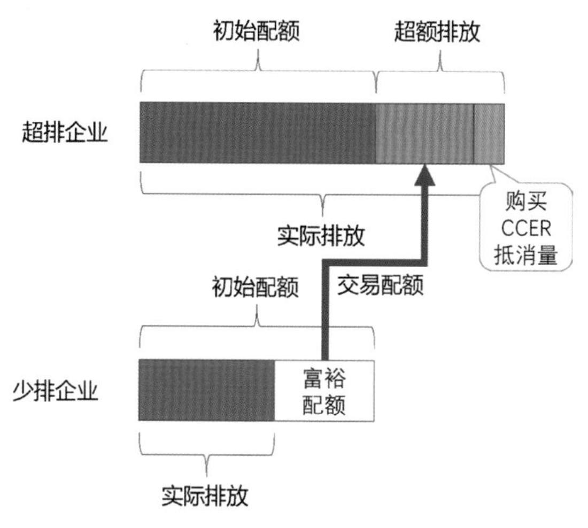

图 2-3　碳排放权交易机制

超排企业在做微观决策时，主要是把碳减排技术成本、超额碳排放罚款、购买碳排放权的成本与生产活动超额排放部分的收益进行比较，并做出相应决策（见表2-2）。

表 2-2 企业在碳交易中的成本与收益

企业类型	超排企业	减排企业
成本	1. 超额碳排放罚款 2. 购买碳排放权成本 3. 碳减排技术成本	碳减排技术成本
收益	生产活动超额排放部分的收益	1. 出售碳排放权收益 2. 出售自愿减排量收益

超排企业的碳交易策略是根据其成本 1、2、3 和收益的相对大小来确定的。当罚则宽松、碳价较低时，即成本 1 或 2 小于成本 3 与收益，超排企业的碳交易策略包括在保持生产的同时购买配额或接受处罚；当罚则愈发严厉、碳价上涨时，即成本 1 与 2 大于成本 3 或收益，超排企业的碳交易策略将转变为节能减排，甚至放弃超额排放部分的生产活动。

减排企业交易策略则为保持收益与减排成本的平衡。因此可以看出：一是碳排放权交易价格升高会加大企业对减排技术成本的投入；二是减排成本低的企业未来发展空间较大。

三、全球碳交易规则

1. 三种减排机制

为达到《公约》提出的全球温室气体减排的最终目标，《议定书》把市场机制作为温室气体减排的新路径，并约定了三种减排机制：清洁发展机制（Clean Development Mechanism，CDM）、联合履行（Joint

Implementation，JI）和排放交易（Emissions Trade，ET）（见图 2-4）。

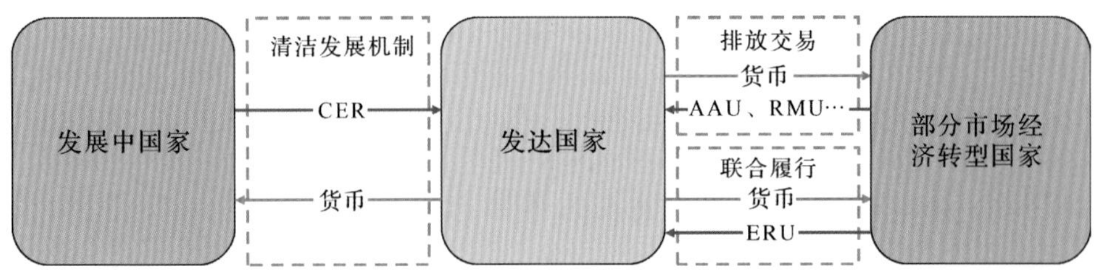

图 2-4 《京都议定书》约定的三种减排机制

清洁发展机制是发达国家和部分市场经济转型国家与发展中国家之间进行减排单位转让，这使发展中国家在可持续发展的前提下进行减排，并从中获益；同时发达国家和部分市场经济转型国家为了降低履行应对气候变化承诺的成本，通过清洁发展机制项目活动获得“排放减量权证”（Certified Emmissions Reduction，CER）当作本国承诺的减排量。这是唯一与发展中国家相关的减排机制，是我国参与国际碳排放交易的途径，我国也是获得 CER 最多的国家。

排放交易是在发达国家和部分市场经济转型国家之间，进行包括“排放减量单位”“排放减量权证”“分配数量单位（Assigned Amount Unit，AAUs）”“清除单位（Removal Unit，RMUs）”等多种碳排放权的交易，于 2007 年开始实施。

联合履行是发达国家和部分市场经济转型国家之间在监督下进行“排放减量单位”（Emission Reduction Unit，ERU）核证与交易。

2. 两种交易形态

根据上述三种机制，碳交易有以下两种形态。

一是配额型交易（Allowance-based transactions），指总量管制下所产生的碳排放配额的交易，如欧盟排放交易体系中“欧盟排放配额”（European Union Allowances，EUAs）的交易，通常为现货交易。

二是项目型交易（Project-based transactions），指因进行减排项目所产生的减排量的交易，如清洁发展机制下的“排放减量权证”、联合履行机制下的“排放减量单位”，主要是通过国家之间合作的减排项目产生的减排量进行交易，通常为期货交易。

3. 自愿减排量

《议定书》非缔约方的发达国家、个人投资者、著名公司等出于对名誉等因素的考虑，自愿承担应对全球气候变化的责任，自发地参与碳交易，认购“自愿减排量”（Voluntary Emission Reduction，VER）并进行交易，从而形成“自愿减排量”交易市场，也是全球碳市场的一部分，其运作和标准遵守“排放减量权证”交易市场的规则，并按照 CDM 项目方法学开发和实施。

VER 来源于那些前期开发成本过高，或由于其他原因而无法进入 CDM 开发的减排项目，VER 交易市场为这样的项目提供了参与碳交易的途径。而对买家而言，VER 交易市场为其消除碳足迹、实现自身的碳中和提供了方便而且经济的途径。

自愿碳交易是对强制碳交易的补充，当减排项目符合 CDM 标准，但由于某些原因不能成为 CDM 项目时，可以申报 VER 项目，获得额外补偿收益。VER 项目比 CDM 项目少了部分审批环节，开发周期较短，人力物力成本更低，开发的成功率较高，开发的风险较低，但是 VER 交易价格也比 CER 低。

4. 全球碳交易新阶段

虽然 2012 年《公约》第二十一次缔约方大会对《议定书》长达 8 年的第二承诺期达成一致，但是加拿大、日本、新西兰及俄罗斯明确了不参加第二承诺期，且大多数国家未递交第一承诺期的成果，因此《议定书》逐渐失去作用，当前国际上各碳交易市场已不受《议定书》的承诺约束。《巴黎协定》后的国际碳交易市场建设与实施规则仍在探索中，于 2021 年 11 月召开的《公约》第二十六次缔约方大会在减排量国际转让合作方法指导以及自愿减排机制的规则、模式和程序等方面达成共识。

2021 年 7 月，在一场国际金融论坛（IFF）线上会议中，我国和美国、欧盟的高级别政府官员、学者以及来自国际货币基金组织（IMF）、经合组织（OECD）等国际机构的代表讨论推动形成全球性碳定价机制。来自国际货币基金组织和经合组织的代表认为，全球碳定价是帮助世界达成《巴黎协定》温控目标“必不可缺且最具成本效益”的政策工具。全球性碳定价机制仍处于探索期，这一机制的形成或将有力促进国际碳交易市场链接，对全球温室气体有效减排具有重大意义。

第三章 国际碳交易市场

第三章 国际碳交易市场

一、国际碳交易市场政策对比

截至 2021 年 1 月 31 日，全球共有 24 个运行中的碳交易市场，另外有 8 个碳交易市场正在计划实施，包括哥伦比亚碳交易市场、美国交通和气候倡议计划等。另有 14 个国际或地区仍在研究将碳交易市场作为其应对气候变化的政策工具，包括智利、土耳其、巴基斯坦等。全球碳交易市场数量呈强劲增长态势。

2021 年，我国和德国、英国、美国弗吉尼亚州纷纷建立了新的体系，使得全球所有碳交易市场覆盖的碳排放量比例将达到约 16%，比 2005 年欧盟碳交易市场启动时增加了两倍。这一变化过程还受到新行业和体系的增加、总量逐步收紧和全球碳排放增加等因素的交互影响。

在国际各碳交易市场中，欧盟、美国和韩国的碳交易市场发展较为成熟，具有借鉴意义，我国碳交易市场未来发展可以参考这些市场的情况（见表 3-1）。此外，我国和欧盟共建了“中欧碳市场对话与合作项目”，此举有力支持我国设计、建设全国碳交易市场，因此，我国碳交易市场发展模式与欧盟排放交易体系可能相似。

表 3-1　国际重点碳交易市场政策与情况对比

国家或地区	欧盟	美国纽约州等	美国加州等	韩国
碳交易市场	EU ETS	RGGI	CCTP	K-ETS
减排成效	23%（相对 1990 年）	–	–	1%（相对 2017 年）
交易量	81 亿 tCO_2e	–	–	–
交易额	2290 亿欧元（2020 年）	16.3 亿欧元（2019 年）	207 亿欧元（2019 年）	8.5 亿欧元（2020 年）
发展阶段	第四阶段（2021—2030 年）	第五阶段（2021—2023 年）	第四阶段（2021—2023 年）	第三阶段（2021—2025 年）
减排目标	较 1990 年减排 55%	–	–	2030 年较 2017 年减排 24.4%
期初配额	16.1 亿 tCO_2e	1.2 亿 tCO_2e	3.2 亿 tCO_2e	5.9 亿 tCO_2e
配额总量递减速率	2.20%/ 年	3%/ 年	4%/ 年	0.96%/ 年
配额分配方法	自上而下，57% 拍卖，祖父法 + 标杆法	全部拍卖	58% 拍卖，标杆法	10% 拍卖，祖父法 + 标杆法
拍卖配额收入	218 亿美元（2020 年）	4.2 亿美元（2020 年）	17 亿美元（2020 年）	210.4 亿美元（2020 年）
抵消机制	不支持	有限制	有限制	有限制
覆盖排放比例	39%	10%	75%	74%

续表

覆盖气体范围	3 种	1 种	8 种	7 种
覆盖行业	3 个	1 个	4 个	5 个
覆盖单位	10569 个	203 个	500 个	685 个

对比发现，这些碳交易市场有以下特点：一是都设定了运行阶段内配额总量年递减率；二是都采用了拍卖的配额分配方法；三是有的市场不支持抵消机制。这些特点或将是我国碳交易市场未来的发展趋势。

二、国际碳交易市场运行分析

1. 欧盟排放交易体系

欧盟排放交易体系（European Union Emissions Trading Scheme，EU ETS）的政策基础是欧盟 2003 年 87 号指令，是欧盟应对气候变化政策的基石之一，也是欧盟以符合成本效益的原则减少温室气体排放的关键工具。该体系是世界首个主要的，也是目前最大的碳排放交易市场。

EU ETS 于 2005 年《议定书》生效同年开始实施，涉及欧洲 30 个国家，包括欧盟 27 个成员国以及挪威、冰岛和列支敦士登，覆盖了该区域约 45% 的温室气体排放，为 2 万多家高耗能企业及航空运营商设置了排放上限，纳入了发电、工业、建筑、航空（2012 年纳入）领域，未来还将纳入航运业。

2020 年，EU ETS 交易额达 2013 亿欧元，占世界碳交易总额的 88%，交易量为超 80 亿吨二氧化碳，占世界碳交易总量的 78%，为欧盟“2020 年碳排放量相较于 1990 年减少 20%”的总体目标做出了重要贡献。2021 年，EU ETS 进入第 4 阶段，总体排放限额缩减幅度将由 1.74% 扩大至 2.2%，以配合《绿色欧洲协议》等其他政策，推进欧盟 2050 年实现气候中和目标。该体系的碳交易价格为 28.28 美元 /tCO_2e（EEX 交易所 2020 年二级市场现货平均价格）。

在 EU ETS 中，欧盟委员会与各国政府环保、能源部门监管免费配额的分配，各国政府环保、能源部门拍卖有偿配额，所有的政府拍卖、配额交易、碳金融产品交易都由金融机构监管，形成分工明确的监管局面（见图 3-1）。

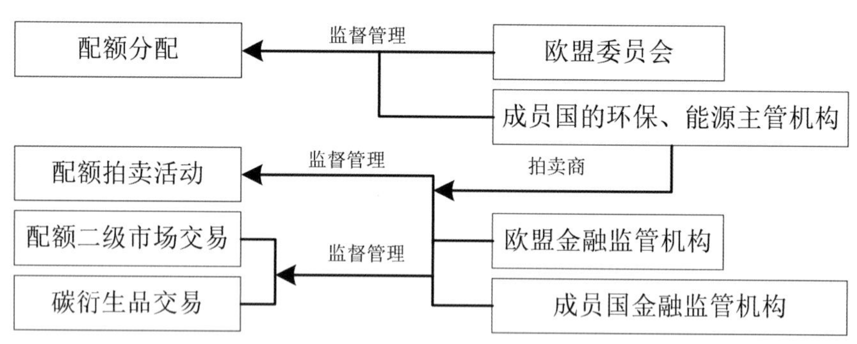

图 3-1　EU ETS 市场监管体系

2. 美国

截至 2021 年 6 月，美国已建成 3 个碳交易体系，其中 2 个规模较大。另有 3 个在建设中，4 个在计划中，尚未形成全国性碳交易市场。

（1）区域温室气体倡议

区域温室气体倡议（The Regional Greenhouse Gas Initiative，RGGI）是美国第一个强制性温室气体排放交易体系。2009 年，该体系在美国 10 个州正式实施，仅纳入电力行业。根据 2005 年发布的《RGGI 谅解备忘录》（MOU）和 2006 年发布的《RGGI 示范规则》，每个州都按照这一规则建立了单独的二氧化碳预算交易计划。新泽西州于 2020 年再次加入 RGGI，弗吉尼亚州 2021 年开始参与，宾夕法尼亚州正在筹划于 2022 年参与 RGGI。

RGGI 已经历了两个审查流程，更新了框架规则，并规定了更严格的上限，调整了系统设计。2021—2030 年，RGGI 上限将比 2020 年减少 30%。此外，排放控制储备（ECR）于 2021 年开始运作。ECR 是一种自动调整机制，在成本低于预期时下调上限。该体系的碳交易价格为 7.06 美元 /tCO_2e（2020 年平均拍卖结算价格）。

（2）加州限额交易计划

“加州限额交易计划”（California’s Cap-and-Trade Program，CCTP）于 2012 年开始运作，逐步完成配额分配、拍卖和交易跟踪，2013 年 1 月开始第一个履约期。该计划自 2007 年以来一直是美国“西部气候倡议”的一部分，并在 2014 年 1 月正式与魁北克交易体系链接。

该计划由加州空气资源委员会（CARB）实施，覆盖了该州约 80% 的温室气体排放源。2020 年，CARB 通过了监管修正案，以立法的形式明确了该计划的作用。2021 年，对该计划的主要修正案生效，开始进行改革，主要包括增加价格上限、减少抵消量的使用额度（特别是对国家无法直接带来环境效益的项目所产生的抵消量）、到2030年大幅降低配额总量等。该计划的碳交易价格为17.04美元/tCO_2e（2020年平均拍卖结算价格）。

（3）韩国ETS

韩国ETS（K-ETS）于2015年1月1日推出，成为东亚第一个全国性的强制性排放交易体系，并在当时是仅次于EU ETS的全球第二大碳交易市场。K-ETS覆盖了韩国685个最大的排放单位，占韩国温室气体排放量的73.5%，包括6种温室气体的直接排放，以及用电量的间接排放。K-ETS旨在为实现韩国2030年的国家自主贡献目标发挥重要作用，该目标提出韩国温室气体排放量比2017年减少24.4%。

2010年，韩国颁布《低碳、绿色增长框架法》，这是为了实现绿色增长和实施K-ETS的第一个、也是最高级别的法律。2012年，韩国颁布《温室气体排放限额分配和交易法》及其执行法令，规定了K-ETS的政府行动、运营机构和履约周期。2014年1月和2017年2月，韩国发布两个总体规划，概述了K-ETS的实施细则。2014年1月、2018年7月和2020年9月，韩国分别发布了每个交易阶段详细的分配计划。

2012年，韩国于K-ETS生效前启动了强制性的温室气体和能源目标管理系统（TMS），该系统在2010年开始了为期两年的试点阶段。TMS收集MRV过程中经验证的排放数据，并且仍然适用于K-ETS未覆盖的较小排放实体。该体系的碳交易价格为27.62美元/tCO_2e（2020年KRX的二级市场平均价格）。

国际碳交易市场碳价格变化如图3-2所示。

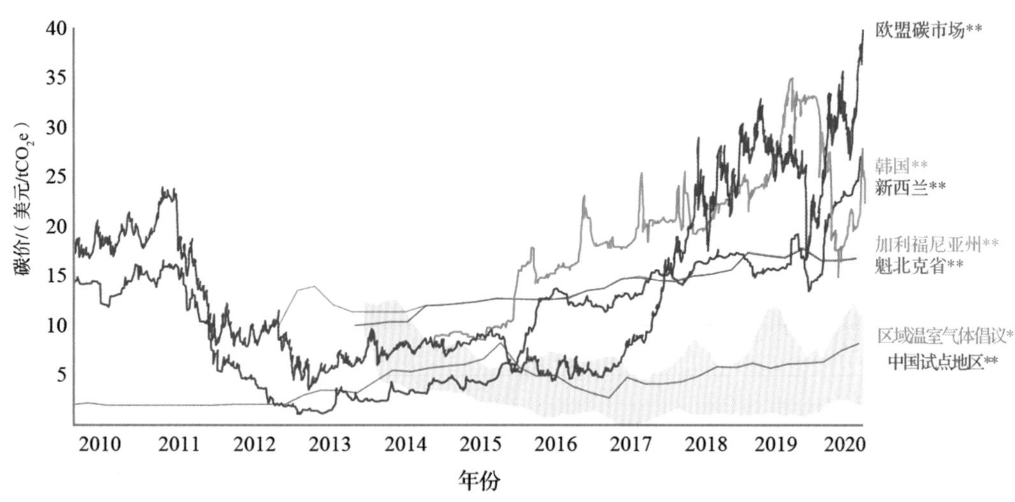

图 3-2　国际碳价格变化曲线

三、国际碳交易市场对我国出口贸易的影响

欧盟作为我国第二大进出口贸易伙伴，是全世界首个也是唯一一个提出并实施碳关税的经济体。欧盟计划从 2023 年起实施“碳边境调节机制”（Carbon Border Adjustment Mechanism，CBAM），并于 2026 年起正式对欧盟进口的水泥、电力、化肥、钢铁和铝产品征收碳关税。

我国生态环境部指出，该机制本质上是一种单边措施，无原则地把气候问题扩大到贸易领域，严重损害国际社会互信和经济增长前景。

1. 欧盟碳边境调节机制的背景和意义

2021 年 3 月 10 日，欧洲议会通过了关于与世贸组织（WTO）兼容的 CBAM 决议，将对有贸易往来而不能遵守欧盟碳排放规定的国家的进口商品征收碳关税。7月14日，欧盟委员会提出了CBAM立法提案，计划从2023年起实施CBAM，并于2026年起正式对欧盟进口的部分商品征收碳关税（见表3-2）。

表3-2　CBAM发展历程

时间	事件
2019年7月	欧盟委员会主席首次提出碳边境税概念，随后发展为CBAM
2019年12月	欧盟提出如果全世界应对气候变化水平未能跟随欧盟提升，那么欧盟将对部分行业采取CBAM，从而减少碳泄漏风险
2020年3月	欧盟对CBAM进行初始影响评估
2020年4月	欧盟对CBAM进行公众咨询
2020年10月	欧盟发布了《建立与WTO兼容的欧盟碳边境调节机制》草案报告
2021年3月	欧盟投票通过“CBAM决议”，有望于2023年正式施行
2021年7月	欧盟披露CBAM正式提案文件

欧盟各国认为，《巴黎协定》框架内的其他排放国可以增加排放量至2030年，这造成了欧盟以外的碳泄漏（carbon leakage），即企业为了规避严格的碳减排措施和高昂的碳减排成本，而将生产转移到碳排放管制较松或不存在管制的地区，最终本应在一个国家或地区被控制的二氧化碳在另一个国家或地区排放出去，全球的碳排放总量并没有减少，甚至可能增加。

所以欧盟内部温室气体排放在大幅减少的同时，进口商品的温室气体排放量却在不断上升，这破坏了欧盟减少温室气体排放的努力；欧盟净进口的商品和服务的二氧化碳排放量占欧盟内部二氧化碳排放的20%以上，因此需要更好地监测进口商品在其生产过程中的温室气体排放量，以便确定可能的措施来减少欧盟在全球的温室气体足迹。此外，欧盟各成员国减排成本的增加，导致制造业生产成本上升。

因此，欧盟建设 CBAM 是为了激励欧盟和非欧盟贸易行业按照《巴黎协定》的目标实现脱碳，也是为了避免因大力减缓气候变化而导致欧盟企业面临不公平价格竞争。

CBAM 有四个关键目标：一是限制碳泄漏；二是防止国内产业竞争力下降；三是鼓励外国贸易伙伴和外国生产者采取与欧盟等同措施；四是其收益用于资助清洁技术创新和基础设施现代化，或用作国际气候投融资。

在 CBAM 公众咨询中，欧盟列出了四种碳边境调节机制的可能举措：一是在欧盟边境对部分具有碳泄漏风险的产品征收进口关税（例如对特定的碳密集型产品征收边境税或关税）；二是将欧盟排放交易体系扩展到进口产品，这可能要求外国生产商或进口商根据欧盟排放交易体系购买排放限额；三是从排放交易体系以外专门用于进口产品的特定池中购买配额；四是在消费层面上对其生产部门存在碳泄漏风险的产品征收碳税（例如消费税或增值税），适用于欧盟生产的产品和进口产品。

2. 欧盟碳边境调节机制具体措施

CBAM 碳关税政策过渡期为 2023 年至 2025 年，总共 3 年。在过渡期内，注册进口商应在每个日历季度向进口国的主管当局提交一份报告，其中包含该季度进口货物的信息。如果货物已进口到多个欧盟成员国，则应在不迟于每季度结束后一个月内，由申报人自主选择向某一成员国主管当局申报；CBAM 将只适用于那些不享受 EU ETS 给予免费配额的排放量，从而确保进口商与欧盟生产商都受到公平对待，并且所有行业的免费配额数量将随着时间的推移而减少。

在过渡期结束时，欧盟委员会将评估 CBAM 的运作情况，再决定是否将其范围扩大到包括产业链、价值链下游的更多产品和服务，以及是否覆盖“间接”排放，即在制造和生产过程中使用的非清洁电力所产生的碳排放。

CBAM 目前提出了 6 种具体征收关税的方案，其中较为有效的方案是，自 2026 年起向进口的企业按年发放一定量的免费 CBAM 证书以抵消进口中的碳排放量，剩余的碳排放量需向欧盟政府购买 CBAM 证书来抵消，价格基本参照实时 EU ETS 配额交易价格，每年统一结算。其中免费 CBAM 证书将逐年减少，进口产品应提供 CBAM 认可的碳排放量证明。

在 2026 年全面实施 CBAM 时，为确保欧盟企业和非欧盟企业之间的公平竞争，CBAM 覆盖行业的免费配额将逐步取消，现行的 EU ETS 规则也将进行调整。

3. 欧盟碳边境调节机制对我国的影响

CBAM 目前覆盖上述 5 类行业部分产品生产过程中的直接碳排放，不涉及这些产品的下游产品，如汽车、机械零部件等。因此，CBAM 对我国对欧出口影响较大的产品为钢铁、铝、化肥等，而对我国对欧出口的占比较大的产品，如光伏板、电机、电器、锅炉等机电产品和家具、玩具、针织品等轻工业产品几乎没有影响。

2020 年，我国对欧盟的出口总额为 3835 亿欧元，是欧盟最大的贸易伙伴。鉴于欧盟的市场规模和战略意义，CBAM 对于我国向欧盟的出口贸易必然带来新的挑战，相关企业应迅速行动，积极应对。

CBAM 碳排放量的计算公式为：排放量（tCO_2e）= 质量（t、kWh）× 排放强度（tCO_2e/t、tCO_2e/kWh）。

上述排放量以产品及其上游产品在生产过程中的 CO_2 直接排放量计算，复杂产品还需计入投入物的排放。

排放强度原则上优先采用进口产品的实际直接排放强度，如果进口产品或实际直接排放强度无法核实，则采用默认排放强度。默认排放强度以应税商品（电力产品除外）在出口国的平均排放强度加成一定比例来确定，加成比例尚未明确。若出口国无法提供可靠数据，则参照欧盟同行业中排放强度最高的 10% 的企业的数据来确定。

基于我国的进出口数据测算，我国 2018 年出口产品隐含的二氧化碳排放量为 15.3 亿吨，约占全国碳排放量的 10.5%，其中对欧出口为 2.7 亿吨，占 17.6%；而从欧盟进口仅为 0.3 亿吨，形成贸易碳逆差。我国出口制造业产品大多处于国际产业链的中低端，产品能耗高、增加值率低，是对外贸易隐含二氧化碳排放的净输出国。并且，考虑到我国的能源结构，煤电是我国电力结构的重要部分，我国电力的排放强度要远远高于欧盟的平均水平，生产的产品在碳边境税上不占优势（见表 3-3）。

表 3-3　欧盟 CBAM 影响中国对欧出口贸易的部分量化研究

<table>
<tr><th>研究机构</th><th colspan="2">研究依据</th><th>结论</th></tr>
<tr><td>联合国贸易和发展会议</td><td colspan="2">1. 覆盖电力和碳排放密集型行业产品的直接和电力间接排放
2. 基于出口国相关产品的平均碳排放强度
3. 推论 CBAM 的碳价格为 280 元 /tCO_2e</td><td>我国对欧出口下降 6.9%</td></tr>
<tr><td rowspan="3">欧盟委员会</td><td rowspan="3">1. 覆盖电力、钢铁、水泥、化肥、铝业等行业的碳排放
2. 推论 CBAM 的碳价格为 350 元 / tCO_2e</td><td>基于欧盟相关产品的平均碳排放强度，且 EU ETS 为有偿分配，采用进口关税或 CBAM 许可证形式</td><td>我国 CBAM 相关行业对欧出口保持不变</td></tr>
<tr><td>基于出口国相关产品的平均碳排放强度，且 EU ETS 为有偿分配</td><td>我国 CBAM 相关行业对欧出口下降 11%</td></tr>
<tr><td>基于出口国相关产品的平均碳排放强度，且 EU ETS 免费配额比例自 2026 年起每年下降 10%</td><td>我国 CBAM 相关行业对欧出口下降 13%</td></tr>
<tr><td rowspan="2">清华大学</td><td rowspan="2">1. 覆盖 CBAM 所有产品直接排放
2. 推论 CBAM 的碳价格为 335 元 / tCO_2e
3. 基于出口国相关产品的平均碳排放</td><td>考虑 EU ETS 免费配额</td><td>我国对欧出口成本增加约 6.5 亿元 / 年，占 CBAM 产品对欧出口额的 1.6%</td></tr>
<tr><td>不考虑 EU ETS 免费配额</td><td>我国对欧出口成本增加约 19.7 亿元 / 年，占 CBAM 产品对欧出口额的 4.8%</td></tr>
</table>

因此，欧盟 CBAM 对我国的影响，一是企业会缴纳高额的碳关税，增加出口成本，缩减利润空间；二是可能会影响我国产品在欧洲市场的贸易竞争力，导致产品出口难度加大；三是或将加速低碳技术的研究和商业化。

4. 欧盟碳边境调节机制应对建议

一是我国政府应与欧盟委员会就 CBAM 问题建立定期的双边交流机制，探讨与欧盟达成长期豁免或者在一段时间内豁免中国对欧出口产品碳排放协议的可能性。

二是我国政府应争取中欧碳交易市场对接合作，国家主管部门应制定并完善相关行业的碳排放核算指南，建立国际互认的 MRV 机制及碳信息披露制度。

三是企业应当摸清自身以及供应链上下游的碳排放情况，加深对产品碳足迹的了解，在自身减排的同时督促供应商进行减排，降低产品全生命周期碳排放，这不仅有利于我国实现碳达峰、碳中和目标，还能扩大我国对欧贸易份额。

四是第三方机构应关注欧盟在 CBAM 背景下关于认证和核查规则的进展，争取成为合格的核查机构，更方便为我国对欧出口企业服务。

五是持续关注相关政策。CBAM 当前对我国对欧出口的电力装备产品没有影响，但应时刻关注 CBAM 变更覆盖的行业和产品，以及将间接排放包含至这些产品的碳排放量。长期来看，应加快发展低碳技术与产品，以期在对欧贸易中取得先机。

第四章 国内碳交易市场

第四章 国内碳交易市场

我国碳市场结构按前述碳交易的两种形态，分为碳排放配额交易市场和“核证自愿减排量（China Certified Emission Reductions，CCER）”交易市场（见图 4-1）。

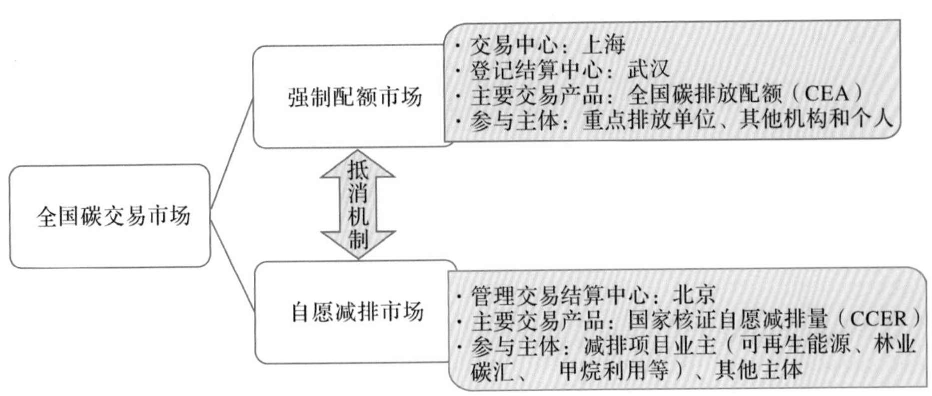

图 4−1　全国碳排放权交易市场结构

建立全国统一的碳交易市场十分必要，这解决了全国 8 个试点碳市场规则不统一、政府参与程度不一、碳配额价格差异较大等问题，将使全国范围内碳减排成本最优。

一、国内碳交易政策

1. 基本情况

碳排放权交易是党的十八大确定的“四大交易”之一。十八届三中全会更是上升到建立“四大交易制度”的高度。十九届五中全会又把碳市场建设提上日程，特别强调“十四五”时期是碳市场建设的重要窗口期，也是攻坚阶段。

我国碳交易的国家主管部门之前是国家发展和改革委员会，现在是生态环境部。

2. 清洁发展机制阶段

2004 年，国家发展和改革委员会等部门制定《清洁发展机制项目运行管理办法》，并在 2005 年和 2011 年修订了该办法。

该办法指出，清洁发展机制是发达国家缔约方为实现其温室气体减排义务与发展中国家缔约方进行项目合作的机制。发达国家缔约方通过项目合作，获得由项目产生的“核证的温室气体减排量”，实现其量化限制和减少温室气体排放的承诺，促进《公约》最终目标的实现，并协助发展中国家缔约方实现可持续发展。

该办法是我国清洁发展机制项目申请、管理、进行国际交易的基本规章。我国是注册清洁发展机制项目最多的国家，运行清洁发展机制为我国温室气体自愿减排交易积累了丰富经验。

3. 碳排放权交易试点阶段

（1）2011 年

国家发展和改革委员会办公厅印发《关于开展碳排放权交易试点工作的通知》，同意北京、天津、上海、重庆、湖北、广东、深圳开展碳交易试点工作。2016 年，中共中央办公厅、国务院办公厅印发《国家生态文明试验区（福建）实施方案》，支持福建省开展碳排放权交易。我国就此共有 8 个碳交易试点。

（2）2012 年

国家发展和改革委员会办公厅印发《温室气体自愿减排交易管理暂行办法》，保障了自愿减排交易活动有序开展，调动了全社会自觉参与碳减排活动的积极性，为逐步建立总量控制下的碳排放权交易市场积累了经验，奠定了技术和规则基础，承接了我国清洁发展机制，构建了基于抵消机制的自愿减排市场。

该办法指出，“核证自愿减排量（CCER）”是对我国境内特定项目的温室气体减排效果进行量化核证，并在国家温室气体自愿减排交易注册登记系统中登记的温室气体减排量，单位以“吨二氧化碳当量（tCO_2e）”计，可在交易机构进行交易。

2017 年，国家发展和改革委员会第 2 号公告指出，暂缓受理温室气体自愿减排交易方法学、项目、减排量、审定与核证机构、交易机构备案申请；

待《温室气体自愿减排交易管理暂行办法》修订完成并发布后，将依据新办法受理相关申请。

2021年2月1日起施行的《碳排放权交易管理办法（试行）》第二十九条、第四十二条均涉及"国家核证自愿减排量"。2021年3月24日，北京市政府印发《北京市关于构建现代环境治理体系的实施方案》，第二十三条明确北京市将"承建全国温室气体自愿减排管理和交易中心"。2021年3月30日，生态环境部印发《关于公开征求〈碳排放权交易管理暂行条例（草案修改稿）〉意见的通知》，第十三条涉及"自愿减排核证"。以上情况表明，CCER交易是碳排放权交易顶层设计中的重要组成部分，恢复CCER交易仅是时间问题。

（3）2013—2015年

国家发展和改革委员会发布了24个重点行业温室气体核算方法与报告指南，其中发电、电网等12个行业的温室气体排放核算与报告要求已发布为国家标准，如GB/T 32151.1—2015《温室气体排放核算与报告要求 第1部分：发电企业》、GB/T 32151.2—2015《温室气体排放核算与报告要求 第2部分：电网企业》等，并有20173630-T-303《温室气体排放核算与报告要求：机械设备制造企业》、20173632-T-303《温室气体排放核算与报告要求：石油化工企业》等标准计划正在制定（归口单位是全国碳排放管理标准化技术委员会，TC548）。这是我国建设MRV机制的重要一步。

（4）2014年

国家发展和改革委员会发布《碳排放权交易管理暂行办法》，将碳交易的管理依据上升至部门行政规章层级。

4. 全国碳排放权交易市场阶段

（1）2016 年

国家发展和改革委员会办公厅印发《关于切实做好全国碳排放权交易市场启动重点工作的通知》，公布《全国碳排放权交易覆盖行业及代码》和《全国碳排放权交易第三方核查参考指南》，明确覆盖了 8 个行业，标志着我国正式启动全国碳排放权交易市场建设（见表 4-1）。同年我国签署《巴黎协定》并生效。

表 4-1　全国碳排放权交易覆盖行业及代码

<table>
<tr><th>行业</th><th>行业名称（行业代码）</th><th>行业子类（主营产品统计代码）</th></tr>
<tr><td>石化</td><td>原油加工及石油制品制造（2511）
有机化学原料制造（2614）</td><td>原油加工（2501）
乙烯（2602010201）</td></tr>
<tr><td>化工</td><td>有机化学原料制造（2619）
氮肥制造（2621）</td><td>电石（2601220101）
合成氨（260401）
甲醇（2602090101）</td></tr>
<tr><td rowspan="2">建材</td><td>水泥制造（3011）</td><td>水泥熟料（310101）</td></tr>
<tr><td>平板玻璃制造（3041）</td><td>平板玻璃（311101）</td></tr>
<tr><td>钢铁</td><td>炼钢（3120）</td><td>粗钢（3206）</td></tr>
<tr><td rowspan="2">有色</td><td>铝冶炼（3216）</td><td>电解铝（3316039900）</td></tr>
<tr><td>铜冶炼（3211）</td><td>铜冶炼（3311）</td></tr>
<tr><td>造纸</td><td>木竹浆制造（2211）
非木竹浆制造（2212）
机制纸及纸板制造（2221）</td><td>纸浆制造（2201）
机制纸和纸板（2202）</td></tr>
</table>

续表

行业	行业名称（行业代码）	行业子类（主营产品统计代码）
电力	火力发电（4411）	纯发电 热电联产
	电力供应（4420）	电网
航空	航空旅客运输（5611） 航空货物运输（5612） 机场（5631）	航空旅客运输 航空货物运输 机场

（2）2017 年

国家发展和改革委员会印发《全国碳排放权交易市场建设方案（发电行业）》。该方案指出，全国碳市场以电力为突破口，率先开展交易，按照“成熟一个行业纳入一个行业”的原则逐步扩大覆盖范围。同时提出了全国碳市场发展的目标和路线图表，明确了启动交易活动应完成的工作，以及“三步走”的路线图，即基础建设期、模拟运行期和深化完善期三个阶段（见图 4-2）。

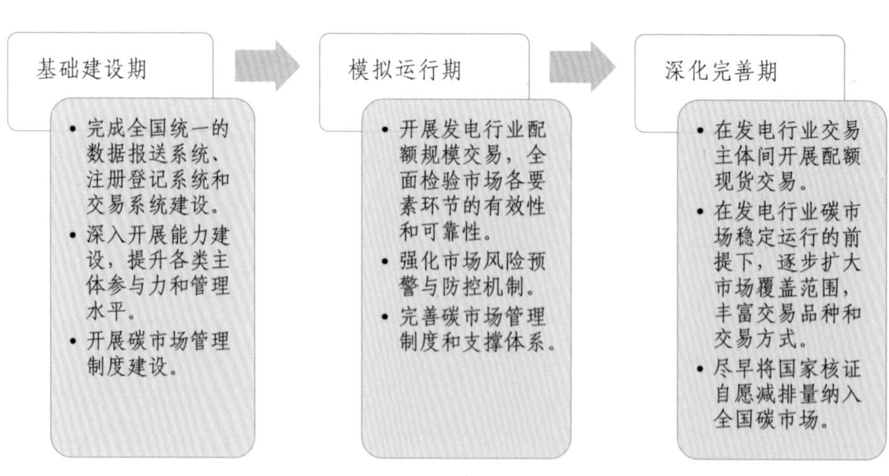

图 4–2　建设全国碳排放权交易市场的三个阶段

（3）2018 年

国务院机构改革，将环境保护部的职责、国家发展和改革委员会的应对气候变化和减排等职责整合，组建生态环境部。应对气候变化司从国家发展和改革委员会转隶至生态环境部，继续承担全国碳排放权交易市场的建设和管理等工作。

（4）2019 年

生态环境部办公厅印发《关于做好全国碳排放权交易市场发电行业重点排放单位名单和相关材料报送工作的通知》，正式全面启动碳排放数据的监测、报告与核查工作，收集了发电企业 2013—2018 年度的碳排放数据，确定全国碳市场的配额总量与分配方案。

财政部印发《碳排放权交易有关会计处理暂行规定》，为碳交易提供会计处理依据。

（5）2020 年

生态环境部印发《2019—2020 年全国碳排放权交易配额总量设定与分配实施方案（发电行业）》和《纳入 2019—2020 年全国碳排放权交易配额管理的重点排放单位名单》，根据各省按照 2019 年的通知报送的材料，公布了纳入配额管理的 2225 家重点排放单位名单，实现了发电行业重点排放单位的全覆盖。

（6）2021 年

生态环境部公布《碳排放权交易管理办法（试行）》，更新了作为管理全国碳市场依据的部门行政规章，全国碳市场发电行业第一个履约周期正式启动。这标志着酝酿 10 年之久的全国碳市场终于"开门营业"。按照要求，企业年度温室气体排放量达到 2.6 万吨二氧化碳当量（折合能源消费量约 1 万吨标煤），就应纳入温室气体重点排放单位，应当控制温室气体排放、报告碳排放数据、清缴碳排放配额、公开交易等信息并接受监管。该办法指出将适时引入配额有偿分配。

生态环境部办公厅印发《企业温室气体排放报告核查指南（试行）》，规范了碳排放报告的核查工作，完善了 MRV 机制。同时公开征求《碳排放权交易管理暂行条例（草案修改稿）》意见，标志着全国碳市场的管理依据已上升至行政法规层级。

生态环境部印发《碳排放权登记管理规则（试行）》《碳排放权交易管理规则（试行）》和《碳排放权结算管理规则（试行）》作为管理全国碳市场运行的具体规则。

2021 年 7 月全国碳排放权交易市场上线，标志着我国实现碳达峰、碳中和目标的市场机制正式落地。建设全国统一碳排放权交易市场是以习近平同志为核心的党中央作出的重要决策，是利用市场机制控制和减少温室气体排放、推动经济发展方式绿色低碳转型的一项重要制度创新，也是加强生态文明建设、落实国际减排承诺的重要政策工具。

二、我国碳交易市场各主体行为

1. 政府

加强顶层设计和规则制定，引导维持碳交易市场有序开展，同时避免过多干涉市场交易行为。

2. 重点排放单位

重点排放单位是参与碳交易市场的主要部分，每年严格按照排放配额完成任务，否则将面临罚款、减少配额等形式的处罚。

3. 其他交易单位

符合国家有关交易规则的其他机构和个人有望在未来直接参与碳交易市场，并可以在 CCER 交易重启后（已于 2017 年暂停）开展相关项目出售 CCER 获利。

4. 第三方机构

第三方机构目前重点业务是在省级主管部门备案后，开展碳排放的审查与核定，同时开展企业咨询、行业政府咨询、投融资、教育培训等业务。在 CCER 重启后，经国家主管部门备案可以开展 CCER 的审定与核证。

对于碳核查机构，企业履约需通过自身碳盘查及第三方机构碳核查进行排放量审核，企业自身进行碳盘查的工作费用为 12 万 ~18 万元 / 次，单次碳核查费用约为 3 万元 / 次。全国碳市场初期拟纳入 1 万家企业，预计业务规模将达到 20 亿元。

市场各参与方关系如图 4-3 所示。

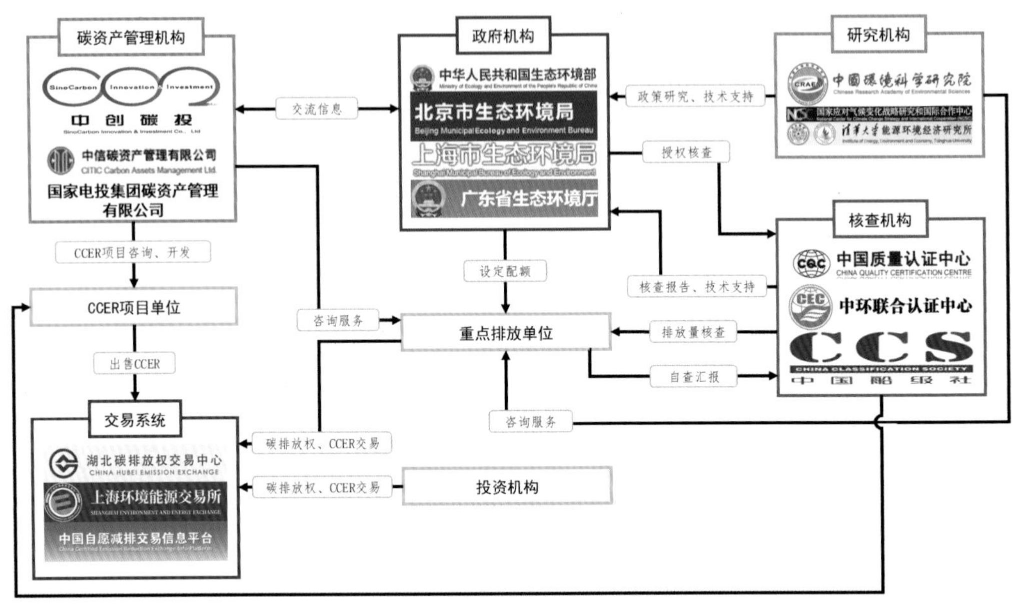

图 4-3　全国碳排放权交易市场参与方关系

三、我国碳交易试点运行情况

《碳排放权交易管理暂行条例（草案修改稿）》指出，该条例施行后，不再建设地方碳排放权交易市场；该条例施行前已经存在的地方碳排放权交易市场，应当参照该条例规定，在碳排放配额的核查清缴、交易方式、交易规则、风险控制等方面建立相应管理制度，加强监督管理，逐步纳入全国碳排放权交易市场；纳入全国碳排放权交易市场的重点排放单位，不再参与地方相同温室气体种类和相同行业的碳排放权交易市场。

1. 试点政策

2013 年以来，我国相继启动了 8 个碳排放权交易试点，截至 2020 年 11 月，试点碳市场共覆盖电力、钢铁、水泥等 20 余个行业近 3000 家重点排放单位，累计配额成交量约为 4.3 亿吨二氧化碳当量，累计成交额近 100 亿元人民币，为全国碳市场的建立、碳市场配额分配、交易制度等方面的完善提供了重要支撑，也对促进试点地区控制温室气体排放、探索碳达峰路径发挥了积极作用（见表 4-2）。

表 4-2　我国 8 个碳交易试点政策对比

试点地区	北京	天津	上海	重庆	湖北	广东	深圳	福建
政策法规	人大、政府	政府	政府	人大、政府	政府	政府	人大、政府	政府
控排数量	800~900 余家	114 家	191 家	240 家	138 家	242 家	635 家	313 家
管控门槛	CO_2 排放 > 5000 吨 / 年（2016 年）	CO_2 排放 > 20000 吨 / 年	工业 CO_2 排放 > 20000 吨 / 年；非工业 CO_2 排放 > 10000 吨 / 年	2008—2012 年任一年度 CO_2 排放≥20000 吨	2014—2016 任一年度综合能耗≥1 万吨 tec	CO_2 排放≥20000 吨 / 年或综合能耗≥1 万吨 tec/ 年（2017 年）	企业 CO_2 排放≥3000 吨 / 年；公共建筑面积≥20000m^2；机关建筑面积≥10000m^2	CO_2 排放≥13000 吨 / 年
覆盖行业	热力生产和供应、火力发电、水泥制造、石化生产、服务业及其他	钢铁、化工、电力、热力、石化、油气开采	钢铁、石化、化工、有色、电力、建材、纺织、造纸、橡胶、化纤、航空、港口、机场、铁路	电解铝、电石、烧碱、水泥、钢铁	电力、钢铁、水泥、化工等 12 个行业	电力、钢铁、石化、水泥等	电力、工业、建筑物等	电力、钢铁、石化、化工、建材、有色、造纸、航空、陶瓷等 9 个行业

续表

试点地区	北京	天津	上海	重庆	湖北	广东	深圳	福建
纳入气体	二氧化碳	二氧化碳	二氧化碳	二氧化碳、甲烷、氧化亚氮、氢氟碳化物、六氟化碳、全氟化硫	二氧化碳	二氧化碳	二氧化碳	二氧化碳、甲烷、氧化亚氮、氢氟碳化物、六氟化碳、全氟化硫

2. 交易情况

（1）交易价格

我国试点碳价历史最高点为 122.97 元 / 吨（深圳），最低点为 1 元 / 吨（重庆）；截至 2021 年 4 月 29 日，我国碳交易试点平均碳价在 5.53~42.02 元 / 吨（其中深圳碳市场碳价最低，为 6.44 元 / 吨，北京最高，为 47.6 元 / 吨）；欧盟 EUA 碳配额现货碳价历史最高点为 47.91 欧元 / 吨（折合人民币约 380 元 / 吨），最低点为 2.68 欧元 / 吨（折合人民币约 22 元 / 吨），为我国碳交易试点碳价的 9~68 倍（见图 4-4）。

（2）成交量

2014—2020 年，我国碳交易市场成交量整体呈现先增后减再增的波动趋势，2017 年最大，为 4900.31 万吨二氧化碳当量；2020 年全年成交量为 4340.09 万吨二氧化碳当量，同比增长 40.85%（见图 4-5）。

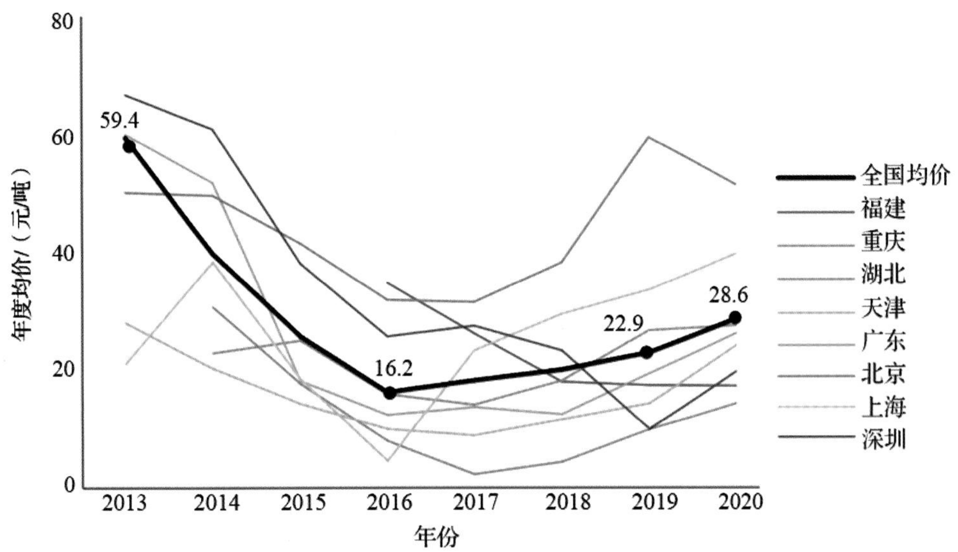

图 4-4　2013—2020 年我国碳交易试点年度均价与全国均价走势（元）

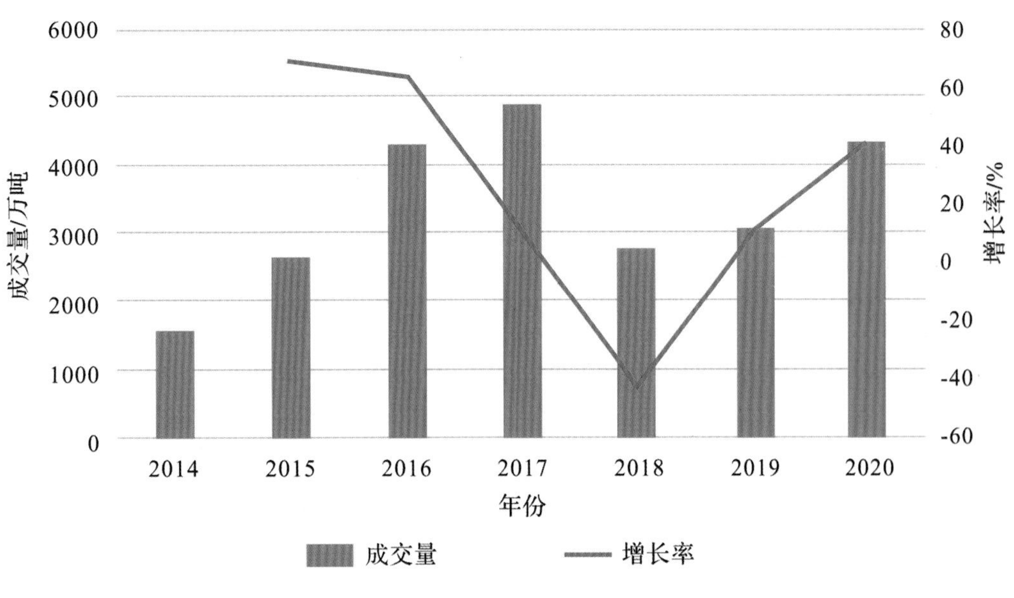

图 4-5　2014—2020 年我国碳交易市场成交量走势

（3）成交额

2014—2020 年，我国碳交易市场成交额整体呈现增长趋势，仅在 2017 年和 2018 年有小幅度减少，在 2020 年达到了 12.67 亿元人民币，同比增长了 33.49%，创下碳交易市场成交额新高（见图 4-6）。

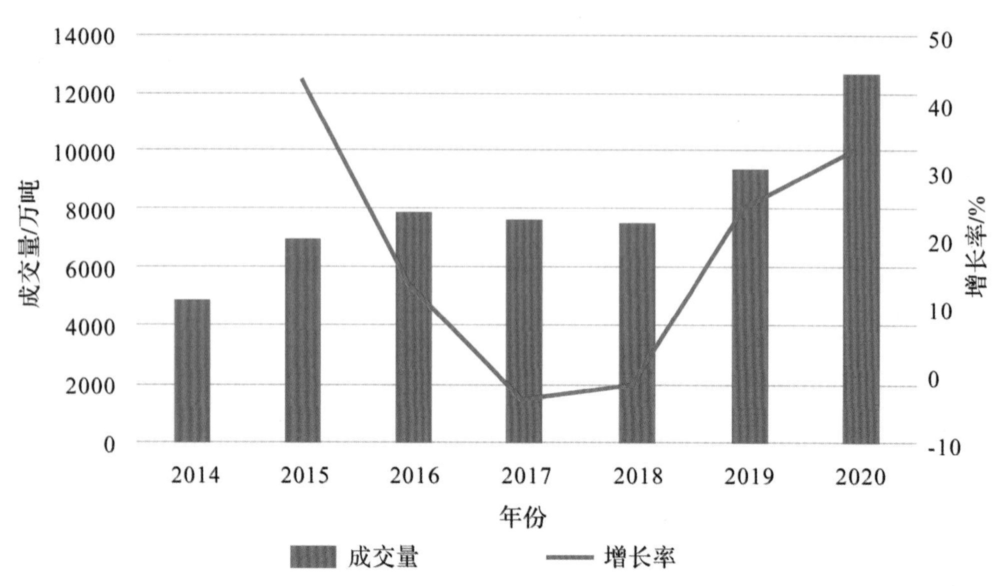

图 4-6　2014—2020 年我国交易市场成交额走势

（4）历史总量

截至 2021 年 3 月，湖北省碳交易市场的成交总量和成交总额均位居第一，其成交总量为 7827.6 万吨，占比 32.46%；成交总额为 16.88 亿元人民币，占比 28.81%。广东省碳交易市场位居第二，碳交易成交总量为 7755.1 万吨，占比为 32.16%；成交总额为 15.91 亿元，占比为 27.14%（见图 4-7）。

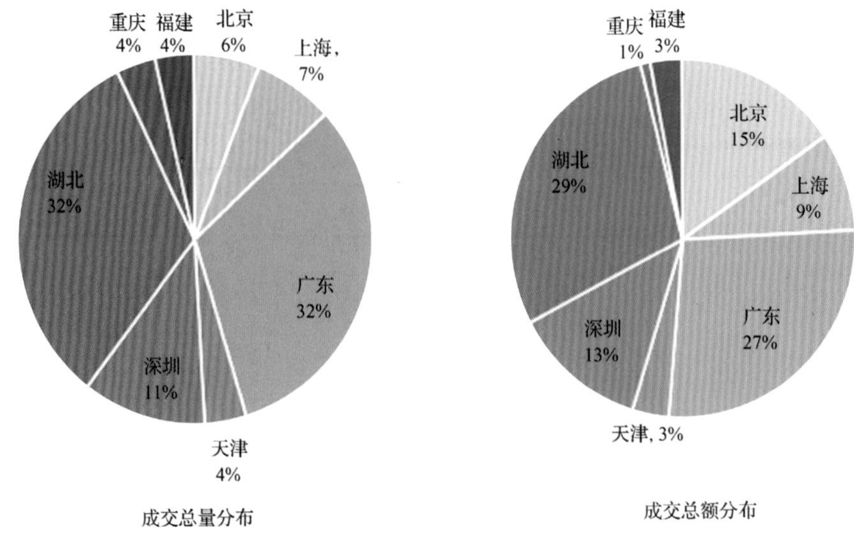

图 4-7　截至 2021 年 3 月我国碳交易试点规模比例

（5）2020 年度情况

2020 年，广东省碳交易市场成交量居于首位，成长性最高，全年成交约 1948.86 万吨碳配额，是唯一成交量破 1500 万吨的碳交易市场。其次是湖北省碳交易市场，2020 年成交量重新恢复到千万吨水平，为 1421.62 万吨。深圳市碳交易市场活跃度下降较明显，成交量自 2016 年后就逐年下降，2020 年仅为 55.13 万吨（见图 4-8）。

随着全国碳排放权交易市场上线，全国与地方两种碳交易价格出现。全国碳交易市场与地方碳交易市场都是独立的交易市场，虽然价格之间没有联动机制，但全国市场的价格会间接影响地方区域市场的价格。

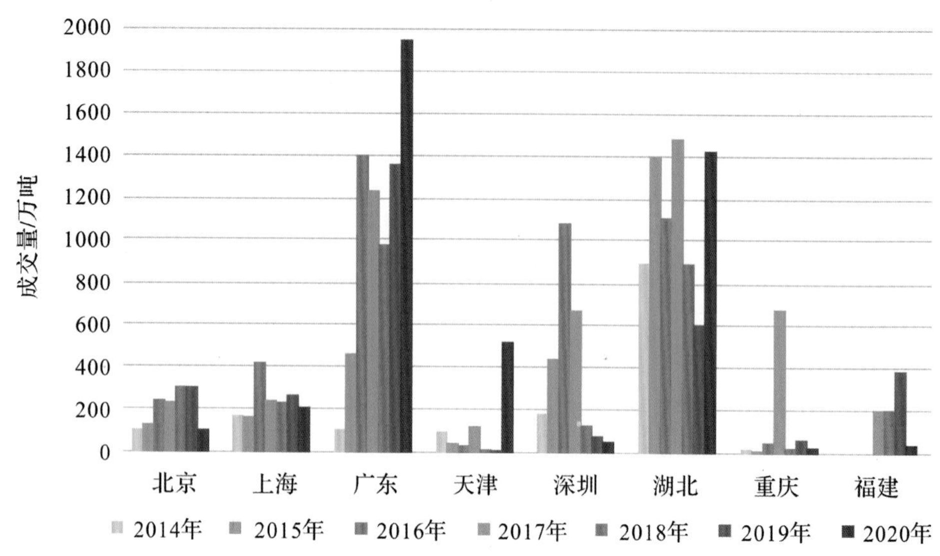

图 4-8　2014—2020 年我国碳交易试点成交量对比

四、碳排放配额交易市场

2021 年 7 月 16 日，全国碳交易系统上线，电力行业第一批纳入全国碳排放权交易市场范畴，预计其对应的碳排放配额可达 40 亿吨。在未来，造纸等 8 个重点能耗行业均纳入全国碳排放权交易市场后，覆盖企业有望达到 8000~10000 家，排放总量将达到 50 亿吨，届时有望成为全球最大的碳排放权交易市场。“十四五”时期碳排放成交量有望在“十三五”时期的基础上增加 3~4 倍，到 2030 年碳达峰累计成交额或将超过 1000 亿元。

全国碳交易市场开市以来，月平均成交价格由 7 月的 50.33 元 / 吨跌至 9 月的 41.76 元 / 吨，并在 8 月和 9 月连续下跌，碳价没有像开市前普遍预期的持续上涨（见图 4-9）。而成交规模却呈反弹态势，推测为配额盈余过多导致的低价高成交量局面。由于当前处于交易初期，参与方仍在熟悉流程阶段，未来碳价或将反弹上涨（见图 4-10）。

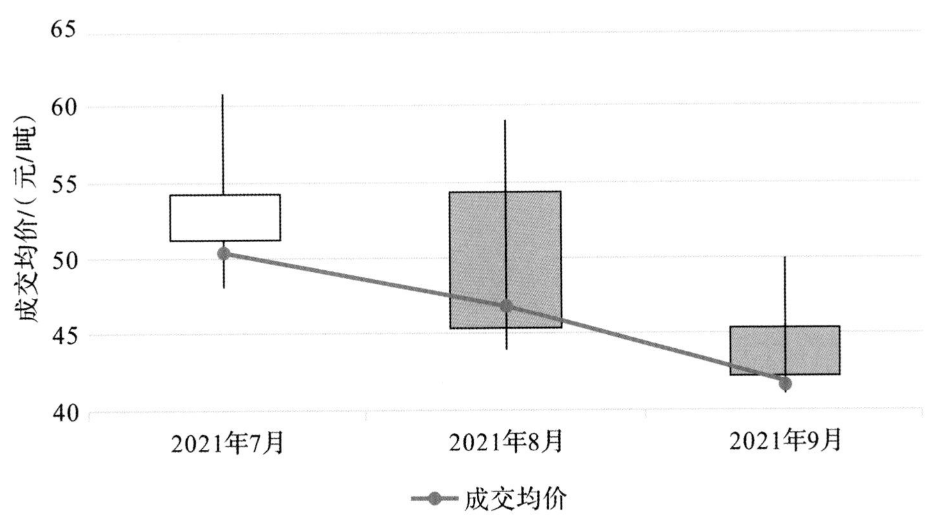

图 4-9　2021 年 7—9 月全国碳排放权交易市场价格走势

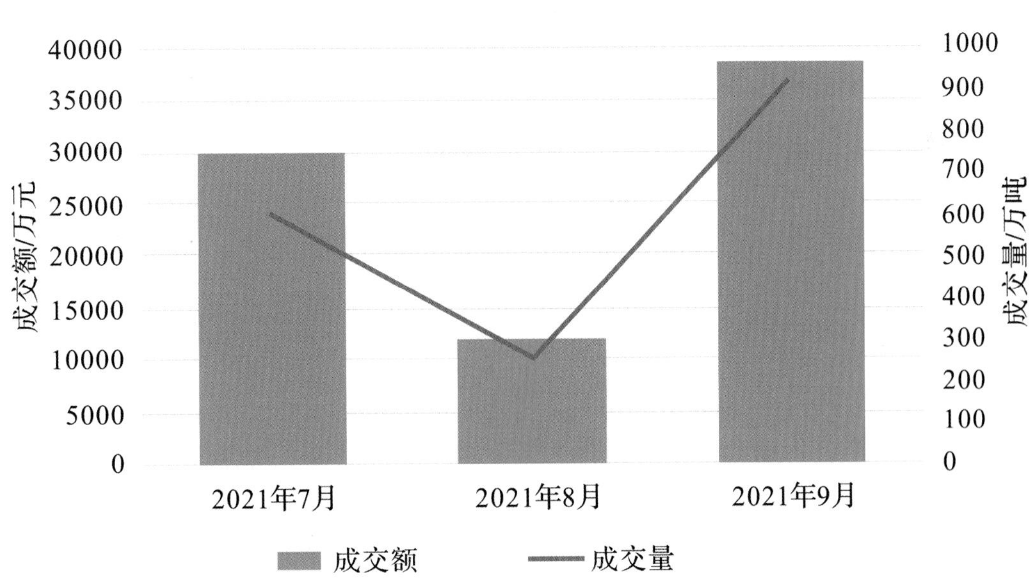

图 4-10　2021 年 7—9 月全国碳排放权交易市场规模走势

全国碳交易市场上线后，为了促进碳减排，碳价应不低于减排一吨二氧化碳的成本，2021—2030 年应为 45~100 元 / 吨。2021 年我国碳交易市场成交量或将达到 2.5 亿吨，为 2020 年各个试点交易所交易总量的 3 倍，成交金额将达 60 亿元。

全国碳排放权交易系统落地上海，注册登记系统设在湖北武汉。全国碳排放权集中统一交易平台汇集所有全国碳排放权交易指令，统一配对成交。交易系统与全国碳排放权注册登记系统连接，由注册登记系统日终根据交易系统提供的成交结果办理配额和资金的清算交收。重点排放单位及其他交易主体通过交易客户端参与全国碳排放权交易。

配额总量方面，省级生态环境主管部门根据本行政区域内重点排放单位 2019—2020 年的实际排放量以及《2019—2020 年全国碳排放权交易配额总量设定与分配实施方案（发电行业）》确定的配额分配方法及碳排放基准值，核定各重点排放单位的配额数量；将核定后的本行政区域内各重点排放单位配额数量进行加总，形成省级行政区域配额总量。将各省级行政区域配额总量进行加总，最终确定全国配额总量。

当前各重点排放单位配额较为宽松，一方面可使重点排放单位熟悉市场规则及履约流程，另一方面给了 CCER 很大的发挥空间。宽松的配额给发电行业及其上下游产业带来的压力不大，电力装备产业有较为宽裕的时间进行低碳技术转型。如果碳价冲破 100 元 / 吨，将给重点排放单位带来可观压力，倒逼企业脱胎换骨地转向主动选择新的发展路径，促进低碳技术革新和产业转型。

配额分配方面，当前分配方式为免费分配，未来将“根据国家有关要求适时引入”配额有偿分配，或将逐步增加拍卖的配额比例。免费分配很难让企业将碳排放作为一种可观的成本纳入考虑，这是导致之前地方碳交易试点不太活跃，进而无法真正发挥其促进碳减排作用的一个关键因素；配额有偿分配的比例是影响企业和金融机构盈利能力和信用风险的高度敏感因素。

相比原本的计划，全国碳交易市场最终政策最大的变化在于要求对企业排放进行核算并向公众披露，该变化有助于提高系统透明度，督促排放单位和核查人员遵守相关规定，向金融市场提供重要信息，并可能让检察部门和公众对违规行为进行监督（见表 4-3、图 4-11）。

表 4-3　我国 MRV 机制各参与方职能

参与方	国家主管部门	地方主管部门	重点排放单位	第三方机构
制度	·制定部门规章 ·编制技术指南	—	—	—
监测	—	·备案监测计划	·制定监测计划 ·按照监测计划实施监测	·审核监测计划
核算报告	·发布年度核算和报告的通知	·组织实施核算和报告	·核算主管部门规定的年度排放量 ·编制排放报告和补充数据表	—
核查复核	—	·组织实施核查与复核 ·受理核查申诉	·配合核查与复核工作 ·提出核查异议	·实施核查与复核 ·编制核查与复核报告
排放量确认	—	·汇总并上报数据	·确认排放量	·确认核查报告排放量与排放报告和补充数据表一致

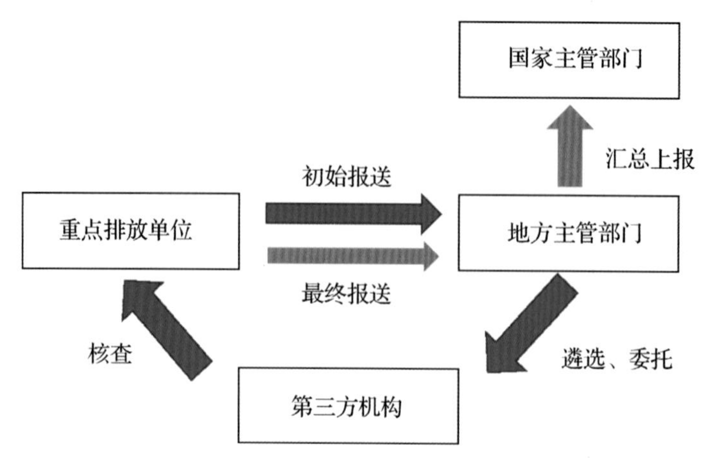

图 4-11　我国 MRV 机制数据报送流程

监管部门为了维护市场的稳定并防止投机行为，对碳市场衍生品采取谨慎态度。全国碳交易市场启动初期将不引入回购协议和期货等衍生碳金融产品，只能进行配额现货交易，这在降低风险的同时，也会降低碳市场流动性，减少市场发展过程中的额外利益。

罚则方面，《碳排放权交易管理办法（试行）》规定对虚报、瞒报、欠缴的单位处以 3 万元以下罚款，并等量核减逾期未改正的单位下一年度碳排放配额；《碳排放权交易管理暂行条例（草案修改稿）》规定对欠缴的单位处以 50 万元以下罚款，并等量核减逾期未改正的单位下一年度碳排放配额，相比之下较为严厉。上述处罚措施给单位带来的信用、形象、名誉成本要大于经济成本。

在当前国家控制能源成本给企业减负、同时兼顾全国各省发展不平衡等问题的大环境下，全国碳市场建设的重点工作仍在于探索适宜的运作机制和建立健全的碳监测体系，通过控制碳价对能源结构进行深度调节的可能性较低，预计全国碳市场价格仍将维持在低位。

目前受到配额管理的单位均为发电行业企业或者其他经济组织，包括其他行业自备电厂的单位。由于装备制造业企业碳排放量不易核算等问题，将其纳入全国碳排放权交易配额管理的重点排放单位的可能性较低。

五、核证自愿减排量交易市场

1.CCER 交易背景

2012 年之前，我国企业主要通过 CDM 参与国际碳交易市场。2008 年，欧洲经济因经济危机走入低迷，同时随着《议定书》第一承诺期即将结束，2011 年 6 月后 CER 交易价格由 10~23 欧元 / 吨跌至 0.3~0.5 欧元 / 吨，清洁发展机制就此一蹶不振。在此情况下，2012 年我国基本继承了 CDM 项目的框架和思路，开始建立国内的自愿减排量交易市场（见表 4-4）。

表 4-4　CDM 与 CCER 政策对比

机制	CDM	CCER
应用市场	国际市场	国内市场
时间条件	开工后 6 个月内必须备案	2005 年 2 月 16 日之后开工
业主资质	外国投资者在我国 CDM 项目不得占有多数股权	无外资条件限制
开发流程	签发机构为清洁发展机制执行理事会，此外双边 CDM 项目需对方国家认定	由国家主管部门（生态环境部）签发

续表

项目分类	一是传统的单个 CDM 项目活动，适用于大型项目；二是在一个框架下可扩展的规划类项目，适用于小型项目	几乎全部采用了 CDM 中大型项目的方法，流程上对大、小型项目没有区别

2.CCER 核心机制

签发流程：由项目识别、项目审定、项目备案与登记、减排量备案、上市交易和注销六个阶段构成。

减排量计算：采用基准线法计算。基本的思路是：假设在没有该 CCER 项目的情况下，为了提供同样的服务，最可能建设的其他项目的温室气体排放量，减去该 CCER 项目的温室气体排放量和泄漏量。

项目计入期：计入期是指项目可以产生减排量的最长时间期限，项目参与者可选择固定计入期（10 年）或可更新的计入期（3×7 年）。

抵消比例：以前不同碳交易试点的抵消比例有区别，大多在 5%~10% 之间。2021 年《碳排放权交易管理办法（试行）》统一规定，重点排放单位每年使用 CCER 清缴比例不得超过应清缴碳排放配额的 5%。

3.CCER 方法学与项目

CCER 项目是指能够产出 CCER 减排量的项目，例如风电、水电、光伏发电等都属于这一范畴。计算每一个 CCER 项目的基准线所采用的方法学必须得到国家主管部门的批准。

要想产出合格的 CCER，首先必须建立科学、准确的计量方法，这些方法称为 CCER 方法学。在以方法学为核心的技术体系建立以后，每个

CCER 的产生，均经历了严格的项目备案和减排量备案流程。

国家主管部门一共批准了 200 个方法学，其中 173 个方法学由 CDM 方法学根据我国实际情况转化而来，此外新增了 27 个方法学。

依据应用率前 10 的方法学开发的项目数超过项目总数的 90%，与此形成鲜明对比的是，有超过 70% 的方法学缺乏应用项目。这说明方法学的应用存在扎堆情况，部分方法学的应用需要进一步深入（见表 4-5、图 4-12）。

表 4-5　使用率排名前 10 的方法学项目总数超 90%

CCER 方法学编号	名称
CM-001	可再生能源联网发电
CMS-001-V01	用户使用的热能，可包括或不包括电能
CM-072	多选垃圾处理方式
CMS-002	联网的可再生能源发电
AR-CM-001	碳汇造林项目方法学
CM-003	回收煤层气、煤矿瓦斯和通风瓦斯用于发电、动力、供热和/或通过火炬或无焰氧化分解
CM-092	纯发电厂利用生物废弃物发电
CM-075	生物质废弃物热电联产项目
CM-005	通过费能回收减排温室气体
CM-077	垃圾填埋气项目

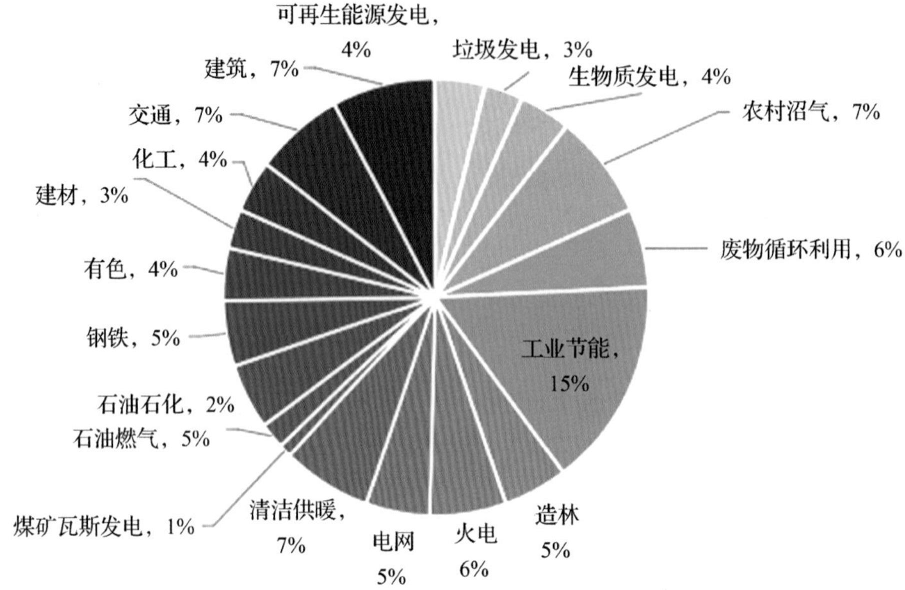

图 4-12 各行业方法学数量较为平均

截至 2021 年 4 月，国家发展和改革委员会公示的 CCER 审定项目累计 2871 个，备案项目 1047 个，进行减排量备案的项目 254 个，其中风电项目占比 35.4%，光伏项目 18.9%，生物质能和水电项目占比 29.0%，备案的 CCER 合计超过 7000 万吨（见图 4-13）。

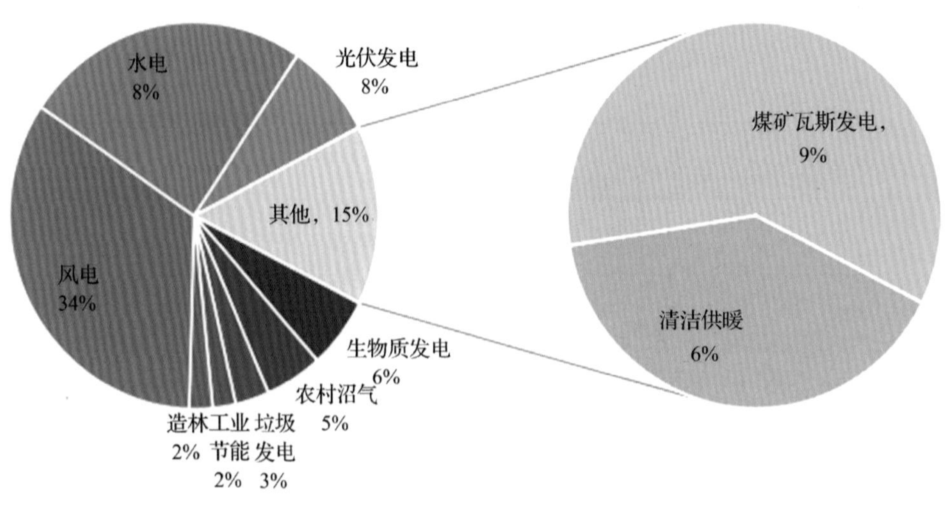

图 4-13 各行业备案年度 CCER 分布

4.CCER 交易原理

CCER 交易作为碳市场重要的组成部分，是我国碳交易顶层设计中抵消机制的具体表现，它以更为经济的方式，构建了使用减排效果明显、生态环境效益突出的项目所产生的减排信用额度抵消重点排放单位碳排放的途径。

为避免过量 CCER 对本地碳市场可能造成的冲击，设定可抵消比例十分必要。因为 CCER 可以替代相等的配额，用来抵消碳排放量，价格比配额低，所以 CCER 被迅速消化，广泛用于重点排放单位的履约清缴。在重点排放单位进行的与 CCER 相关的操作中，最常用的实践包括直接购买 CCER 用于抵消或者置换配额，操作如下。

一是 CCER 用于抵消：当企业碳排放量超过分配的配额时，显然购买 CCER 用于抵消更经济。

二是 CCER 用于置换配额：当企业碳排放量少于分配的配额时，可以购买 CCER 置换等量配额，将配额投入市场交易，赚取差价。

综合来看，CCER 交易不仅为企业履约提供了一种更为经济的方式，更重要的是，它为碳市场的启动和平稳运行提供了重要的缓冲，这或许是设计 CCER 和它能够继续在全国碳市场背景下运行的根本原因（见图 4-14）。

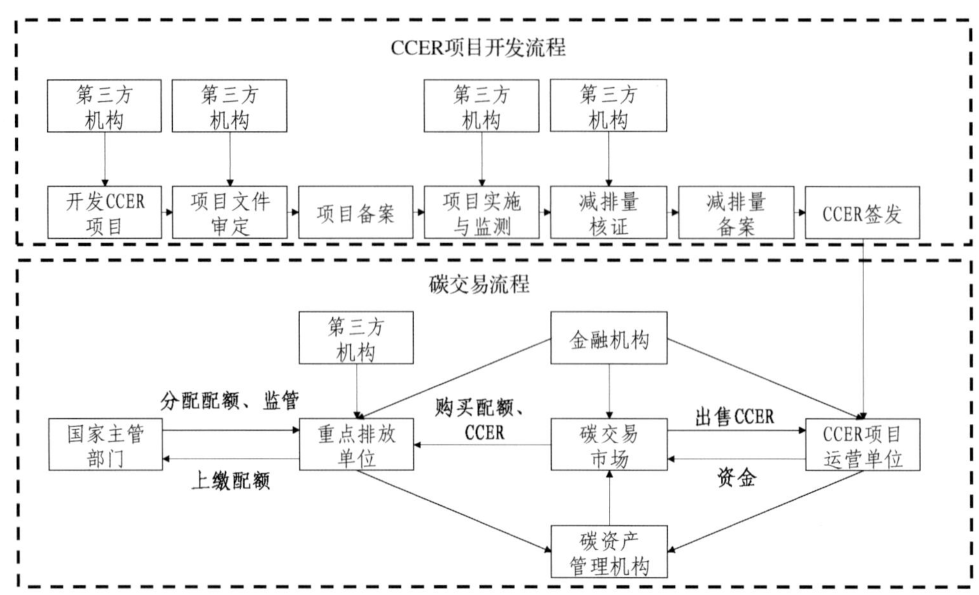

图 4-14 CCER 交易产业链

5.CCER 交易情况

2015 年自愿减排交易信息平台上线，CCER 进入交易阶段。

2017 年，CCER 项目暂停受理，存量 CCER 仍在各大试点交易。随着供应量的减少，交易量持续走高，CCER 的成交价格达到 30 元 / 吨。

截至 2021 年 3 月，全国 8 个碳排放交易权试点地区 CCER 累计成交 2.8 亿吨，上海位列成交量榜首，广东紧随其后。

6. 热点 CCER 项目类型预测

根据《碳排放权交易管理办法(试行)》，在全国碳市场背景下允许使用 3 种类型的 CCER：可再生能源、林业碳汇和甲烷利用。

（1）可再生能源

可再生能源是指由风能、太阳能、水能、生物质能、地热能、海洋能等供电供热的项目。在 CCER 暂停前，可再生能源项目在 CCER 项目总数中占比最高，约为 70%，CCER 重启后也将是占比较多的项目类型。

随着碳市场的发展，通过创造并扩大 CCER 交易市场，“几乎净零排放”的可再生能源将迎来巨大的发展机遇，成为绿色投融资的重要领域，有力支撑电力行业的低碳转型（见图 4-15）。

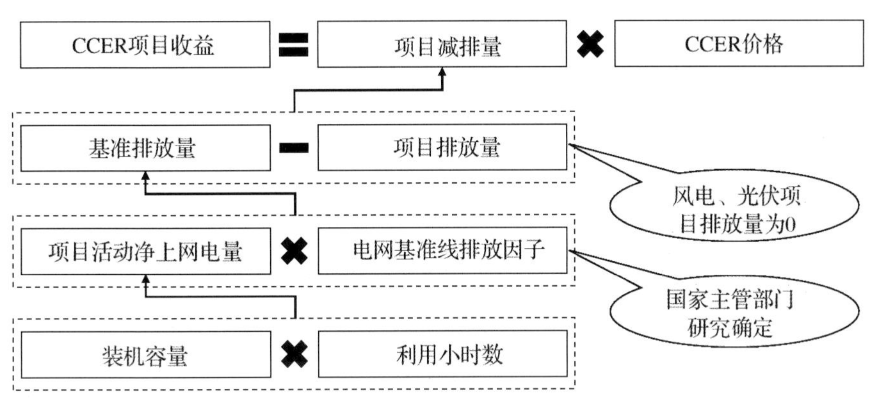

图 4-15　可再生能源发电项目 CCER 收益计算方法

但是，按照当前 CCER 政策，CCER 项目只能给项目运营企业带来 CCER 而不是设备供应企业，CCER 项目只能向设备供应企业、项目建设企业间接传递 CCER 交易获利的价值。

因此，新能源发电装备企业在原来的出售设备、建新能源发电厂并运营、建新能源发电厂被收购并被委托运营之外有了新的选择，就是可以建设新能源发电厂运营并开发 CCER，通过卖电和 CCER 收益。此时，新能源发电设备企业可以分析比较各个选择的成本与收益，并按实际需要选择合适的方案。

部分发电项目由新能源发电设备企业独立运营一段时间，再转交运营单位，如果该项目为 CCER 项目，此时设备企业应就具体事项与运营单位协商获利。

（2）林业碳汇

林业碳汇是根据植物碳汇功能开发的 CCER 项目，在暂停前，碳汇项目仅占所有项目比例的 3%，这与碳汇项目开发技术复杂和开发周期长密切相关。现存与林业相关的 CCER 方法学有 5 个，其中被使用最多的是“AR-CM-001 碳汇造林项目方法学”，超过林业相关方法学总使用次数的 60%。

未来，随着符合规定的 CCER 类型的减少，林业碳汇项目极有可能成为 CCER 开发的热点。如果企业有大量优质的林业碳汇项目，选择熟练掌握 CCER 开发技术的咨询机构也将变得尤为关键。

因此，农林牧、园林绿化等碳吸收量较大的企业存在优势，同时绿色建筑等大型开发企业通过节能减排、技术改进等措施也会产生大量的 CCER。

（3）甲烷利用

甲烷利用作为一个单独的类型，具体包括哪些项目模式还有待观察。《〈全国碳排放权交易管理办法（试行）〉编制说明》指出，抵消机制可促进农村户用沼气项目发展。因此，甲烷利用目前可能以农村户用沼气项目为重点，未来可能包括煤层气及瓦斯利用、垃圾填埋气利用、工业废水及生活污水处理、养殖粪便处理及垃圾堆肥等项目。

六、我国碳交易展望

1.CCER 交易预测

（1）CCER 供需情况

CCER 的供给侧主要来源于可再生能源、林业碳汇、甲烷回收利用等减排项目，假设 2022 年起 CCER 项目审批恢复，从进入市场时间的维度上来看，CCER 供给可分为四批。第一批为 CCER 暂停前的存量，供应量约为 2000 万吨；第二批为已备案的 CCER 项目在截至 2021 年底累计的未备案的减排量，供应量约为 3.5 亿吨；第三批为已审定的 CCER 项目通过备案后的累计减排量和原已备案 CCER 项目新增的减排量，供应量约为 6 亿吨；第四批为新 CCER 项目和原已备案 CCER 项目新增的减排量，需要较长的时间（1~3 年）才能转变为 CCER，预计在 2023 年及之后陆续进入市场。预计近几年 CCER 的供给先紧后松、再趋于平稳增长。

CCER 需求侧由配额总量和抵消比例决定，需求量上限为当年控排企业实际碳排放量与抵消比例上限的乘积。当前全国碳市场仅纳入电力行业，覆盖碳排放约 45 亿吨；未来全国纳入八大高排放行业后，覆盖约 100 亿吨。在“双碳”目标下，需要控制的是社会的绝对排放量，按照当前的抵消机制，控排企业的实际最大允许排放量包括配额总量和允许抵消的 CCER 量，在较为严格的控排目标下，CCER 抵消比例仍会维持在低值，预计在 5%~10%。

因此，预计 CCER 需求量约为 1.35 亿 ~10 亿吨。

CCER 供需关系为：短期供给远小于需求，价格呈上涨趋势；中长期将处于供需平衡的状态，价格保持稳定（见图 4-16）。

（2）CCER 价格

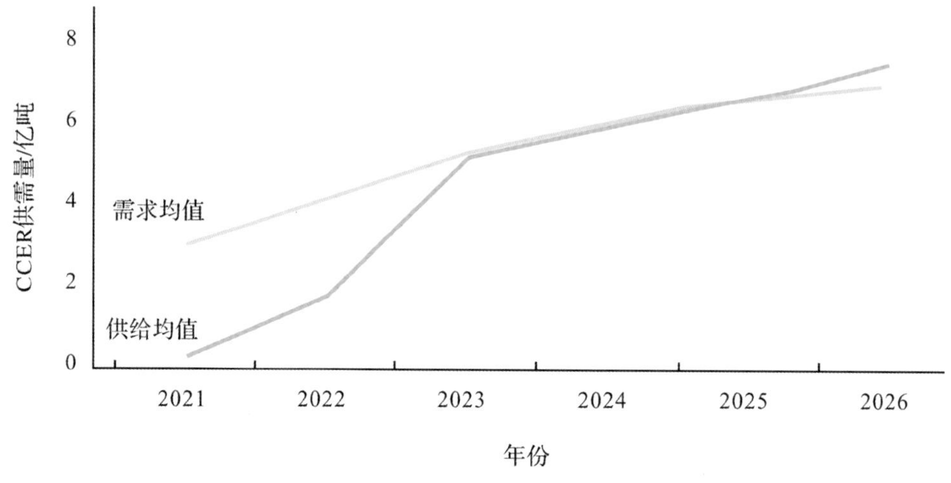

图 4-16　2021—2026 年 CCER 供需关系

根据我国碳交易试点数据，CCER 价格通常为配额价格的一半，按照前文预计的配额价格将在 2021—2030 年从 45/ 吨逐渐上涨至 100 元 / 吨的趋势，预计 CCER 价格将长期维持在 30 元 / 吨左右。

参考欧盟经验，两者价格上的关联性与 CCER 允许使用的比例有关，而当前允许使用的比例仅为 5%。因此，即使 CCER 供过于求，也不会构成对碳价的压制。

(3) 抵消机制难以支撑新能源发展

假设八大行业全部纳入控排管理，CCER 抵消比例为 5%，CCER 需求量约为 5 亿吨，并全部由可再生能源发电项目供应，这样每年最多容纳 5000 亿 ~6000 亿千瓦时的可再生能源发电量，明显低于当前可再生能源发电量，也低于风电、太阳能的合计发电量。即便只考虑未来增量项目，也仅能支撑约 4 亿千瓦新增新能源发电装机容量。若将抵消比例提高到 10%，CCER 需求量约为 10 亿吨，也仅能支撑约 7 亿千瓦新增新能源发电装机容量。

同时，如果 CCER 开发仍延续额外性原则（额外性指的是减排项目活动在没有 CCER 收益支持下，存在诸如财务、技术、融资、风险和人才方面的竞争劣势和障碍因素，使该项目的减排量在没有 CCER 收益时就难以产生），平价时代的新能源发电不能满足额外性的要求，CCER 抵消配额比例所能支持的新能源电量有限，抵消机制难以普遍惠及新能源，所以应冷静看待通过开发 CCER 支持新能源发展的途径。

（4）配额拍卖收入的分配或将成为支持碳减排主要手段

按照上述预计 CCER 价格为 30 元 / 吨，碳交易市场初期 CCER 市场规模约为 90 亿元，“十四五”末期 CCER 市场规模约为 195 亿元。若考虑其中 85% 集中在绿色发展领域，则“十四五”期间 CCER 每年将为绿色产业注入资金 76.5 亿 ~165.75 亿元。尤其是风电、太阳能行业在 CCER 项目结构占比达 42%，或将独占 32.13 亿 ~69.62 亿元的市场收益。

碳交易作为政策工具，未来市场配额主要来源将是政府拍卖。假设配额有30亿吨拍卖量，按照60元/吨计，则年拍卖收入约1800亿元。参考欧盟支出结构，未来碳配额拍卖机制或将为碳减排领域每年注入资金约1440亿元，是CCER年规模的8.7~18.8倍，拍卖融资或将基本满足可再生能源发展基金的支出需求。

因此，CCER抵消比例所能支持的新能源发电量有限，或将依靠政府拍卖配额注入资金，以扶持新能源发电领域发展。

2. 碳市场与电力市场协同运行

我国电力市场与碳市场参与主体均为碳排放大户或用电大户，两个市场或将深度融合，开发用电权和碳排放权相结合的交易产品，增强市场活力。在发电端，可再生能源优先发电，气电作为调峰，高效率煤电替代低效煤电。在用电端，用电企业也在承担发电碳排放企业的成本，进一步促进发电端清洁能源替代，同时激励企业降低用电过程中的碳排放，提高用电效率（见图4-17）。

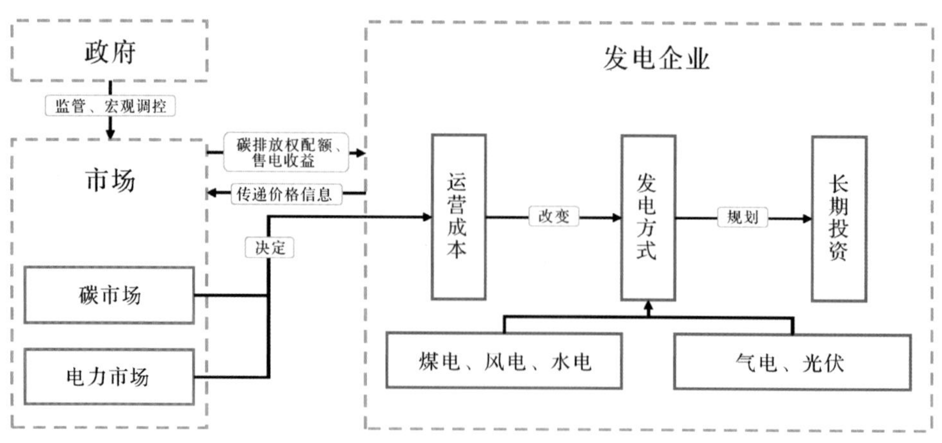

图4-17 碳市场、电力市场与发电企业联系

欧洲国家普遍采取经济调度来决定市场电价的模式，这样碳价就可以传导进入现货市场电价。2019 年 5 月上旬，以煤电为主的波兰日平均电价明显高于欧洲大多数国家，为 30~45 欧元 / 兆瓦时。而水电和风电充沛的北欧电价最低，只有不到 10 欧元。西欧国家如法国、德国，电价随着风力光伏发电出力不同而在 10~30 欧元 / 兆瓦时波动（见图 4-18）。

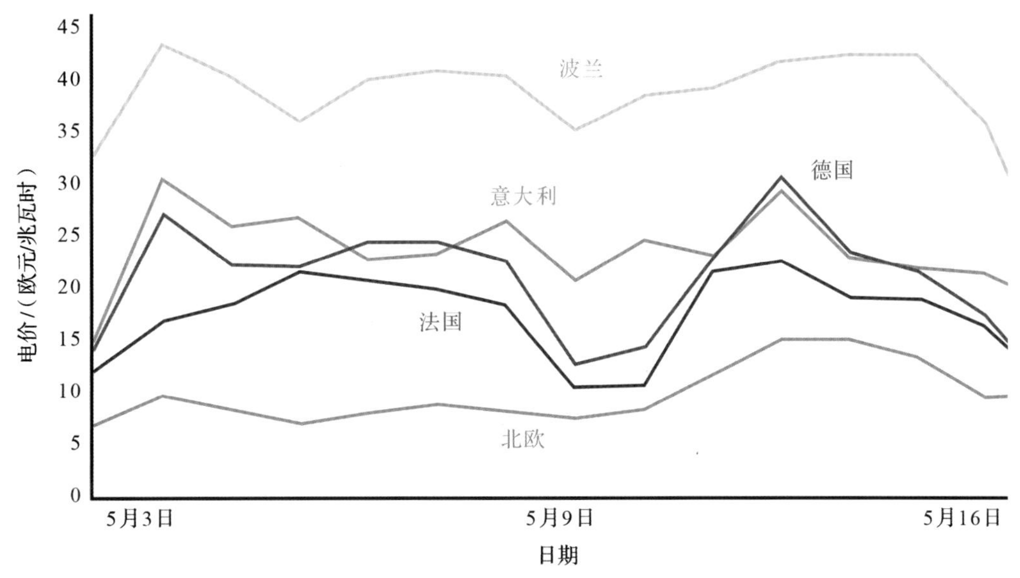

图 4-18　2019 年 5 月 1—15 日欧洲部分国家电价走势

欧洲碳市场和电力市场的相互影响，在短期内主要体现为碳价推动天然气替代煤炭发电。因为天然气发电的碳排放系数只有煤炭发电的一半，所以面对相同的碳价，天然气发电的碳排放成本就要低于煤炭发电，在现货电力市场的优先次序曲线 (merit order) 中更有竞争力。2018 年以来，随着碳价上升叠加欧洲天然气价格走低，天然气发电的边际成本一路下滑，远远低于煤炭发电边际成本（见图 4-19）。因此，在德国、西班牙等国家煤炭电厂的运行时间大幅缩减。

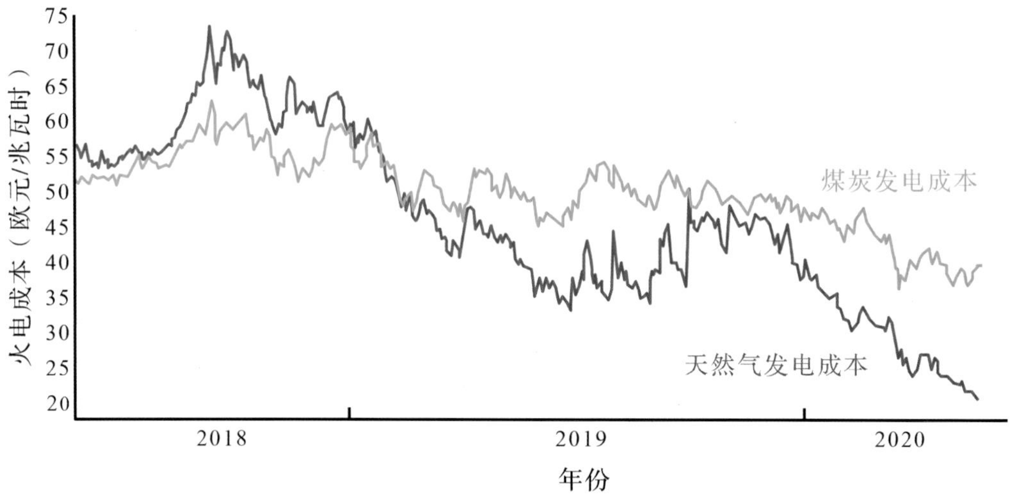

图 4-19　2018 年 4 月—2020 年 5 月德国火电成本

第五章

电力装备产业碳交易分析与措施建议

第五章
电力装备产业碳交易分析与措施建议

一、碳交易对电力装备产业的影响

1. 电力装备产业主要受到溢出效应影响

全国碳排放权交易市场目前仅纳入电力行业中的发电行业，暂未计划纳入装备制造业。电力装备产业作为电力行业的上游，未来主要受到碳交易溢出效应的影响。目前碳价不高，受发电行业间接传导的影响较小，行业企业有较为宽裕的时间进行低碳技术转型；若碳价超过 100 元 / 吨，则会对交易单位的上下游产业产生明显价值传递。

比如碳价格上涨将导致火电厂运营成本逐步增加，会压缩传统火电装备价格，运营过程中排放强度低的装备有很大优势；新能源发电装备需求量增加，新能源发电厂整体成本降低等。

2. 化石能源发电领域

（1）煤电减排具有较大发展潜力

能源行业碳排放较集中、规模较大，同时有较好的碳排放管控体系和数据基础，因此世界上多数碳交易市场首先纳入的就是能源行业，如电力、石油、天然气等。这容易使能源行业企业产生一种错觉，认为建设碳交易市场必然会制约能源行业发展，从而反感甚至抵触碳交易。

但实际情况是，以电力行业为例，其碳排放量位居所有行业之首，这些碳交易市场在运行后的长时间内对电力行业的碳排放配额分配也是相当宽松。例如，在 EU ETS 的第一阶段和第二阶段，电力行业在碳交易市场中非但没有影响整体发展，反而因为出售大量富余配额而获利颇丰。这里面有两个深刻原因：一是电力行业通常关系基本民生，过紧约束该行业的碳排放会显著影响民生保障和 GDP；二是电力行业碳减排、提高能源利用效率潜力较大，这使得 EU ETS 运行后欧盟多家能源集团的排放强度低于本行业全球平均水平。

我国未来经济发展需要电力等能源行业的保障，因此建设碳交易市场的目标不是制约能源行业发展，而是通过市场决定碳价，更好地调节能源行业的结构：一是加快新能源及可再生能源的发展，减少化石能源的使用；二是提升煤炭等化石能源的利用效率。

在第二点中，电煤在煤炭消费中的占比是煤炭清洁化利用率的重要指标。电煤占比越高，燃煤集中处理比例和利用效率也就越高，碳排放也更易管控。我国和发达国家比起来，电煤占比还比较低，目前在 60% 左右，而 OECD（经济合作发展组织，是由 36 个市场经济国家组成的政府间国际经济组织）国家电煤平均占比在 80% 以上，美国电煤占比甚至超过了 90%。

因此，全国碳市场建设初期应减少电煤以外的煤炭消费，更严格地约束电力行业以外的煤炭消费大户的碳排放，加强配额管制，并提高煤炭利用效率，促进电煤占比大幅提升，从而电力行业将有较宽松的碳减排缓冲空间，为“双碳”目标下的经济中高速增长提供有力保障。

（2）燃煤机组运行成本显著增加

根据目前全国碳市场配额分配方案测算，当配额 100% 免费分配时，随着碳价由 30 元 / 吨变动到 100 元 / 吨，燃煤机组碳成本为 0.2~0.7 元 / 兆瓦时。这意味着，如果企业燃煤机组碳排放强度优于国家基准值，碳配额就会存在盈余，富余的配额可在二级碳市场中进行交易获利。

当配额 100% 拍卖时，随着碳价由 30 元 / 吨变动到 100 元 / 吨，因购买碳配额履约而增加的发电成本（碳成本）为 28~94 元 / 兆瓦时，占总发电成本比例 9% 到 29%。这意味着，随着配额拍卖比例逐步加大和碳价持续走高，碳成本增加，这将显著抑制燃煤机组运行。

随着新能源发电比例提高和储能技术成熟完善，煤电将逐步从发电主力军转换到托底保供和重要负荷中心支撑性电源的定位，促进能源结构平稳调整，保证电力系统供能安全和调能安全。在安全有序的原则下，逐渐降低煤电装机容量。预计煤电装机容量将于 2030 年控制在 12 亿千瓦左右，到 2060 年 5.5 亿千瓦左右，结合多种低碳技术，实现深度减排。

（3）燃气机组受影响较小

当配额 100% 免费分配时，随着碳价由 30 元 / 吨变动到 100 元 / 吨，燃气机组碳成本为 0.7~2.4 元 / 兆瓦时，与燃煤机组情况相似。

当配额 100% 拍卖时，随着碳价由 30 元 / 吨变动到 100 元 / 吨，因购买碳配额履约而增加的发电成本（碳成本）为 11~37 元 / 兆瓦时，占总发电成本比例在 2%~6%，明显低于燃煤机组。

燃气机组相对较为清洁，尤其在碳市场建设初期，配额分配方案明确提到鼓励燃气机组发展，因此碳市场对燃气机组影响相对燃煤机组较小。在进行燃氢技术改造后，燃气机组排放强度将进一步降低。

在欧洲火力发电行业内部，单位热值含碳量的不同带来了煤电与气电的市场份额分化。同等热值的天然气燃烧排放的二氧化碳比煤炭少 41%，引入碳成本后，碳价对排放强度更大的煤电的影响大过气电，这改变了火电行业内部调度顺序，使气电位列风电、光伏之后，成为煤电的重要替代品。2014 年气电市场份额仅 12.6%，仅 6 年就增长至 19.3%，碳排放价格上涨是推动火电行业结构变革的重要因素（见图 5-1）。

所以，碳市场的引入会直接增加火电及调峰机组的发电成本，而若碳排放市场中确定的碳价具有有效性，则可以影响各类型发电企业的价格排序，改变调度顺序，进一步改变能源结构。

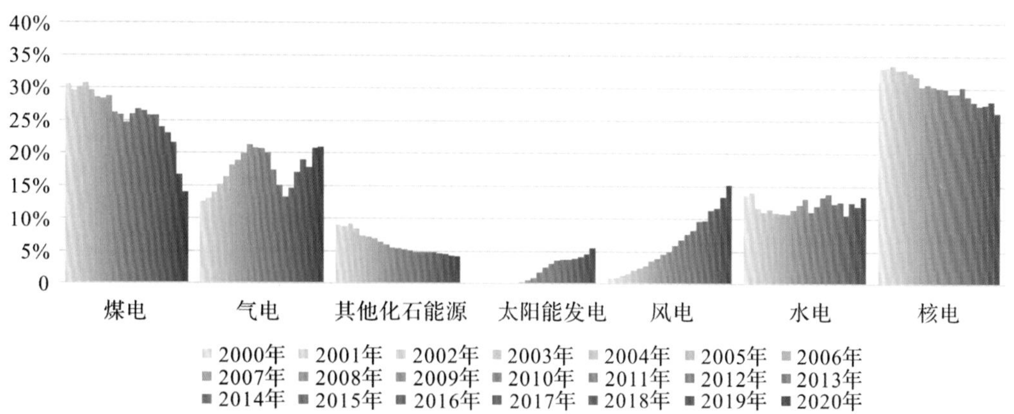

图 5-1　2000—2020 年欧洲能源结构变化（发电量占比）

我国火电内部结构也将因为碳市场的引入而发生变革，但是由于我国煤炭资源丰富，在工业化发展中方便利用，使得我国煤电技术较为先进，对比之下天然气资源处于勘探开发初期，而发电行业又亟待转型，因此在我国火电行业内部由气电替代煤电的结构变革或将不会发生，而是大举迈向以煤电为保障的大规模新能源发电时代。

3. 新能源发电领域

电力出售的价格优先排序机制可以确定电力市场的统一出清价格，并确定供需平衡时的发电总额，2020 年之前光伏、风电成本较高，火电是发电主力。欧盟电力市场中，电力出售的市场机制采用了价格优先排序法，按发电厂报价由低到高的排列确定电厂调度顺序。进入电力市场的电厂会采用这种方式竞价，形成统一的出清价格，边际成本越低的电厂盈利越高。根据价格高低顺序调度发电可以使得发电成本实现最小化。

一般而言，水电、风电等边际成本较其他发电类型相比较低，化石燃料电厂由于其使用的煤、天然气等燃烧发电所以边际成本较高。自2021年起，我国新建光伏、风电发电项目平均LCOE（Levelized Cost of Energy，平准化度电成本，即生命周期内的成本现值和生命周期内发电量现值的比值）将逐步低于在运火电项目运营成本（见图5-2）。

$$\mathrm{LCOE}=\frac{I_0-\dfrac{V_R}{(1+i)^n}+\sum_{n=1}^{25}\dfrac{M_n}{(1+i)^n}}{\sum_{n=1}^{25}\dfrac{E_n}{(1+i)^n}}$$

其中 I_0 是系统造价，V_R 是残值，Mn 是维护成本，En 是发电量，i 是折现率，n 是系统运行寿命。

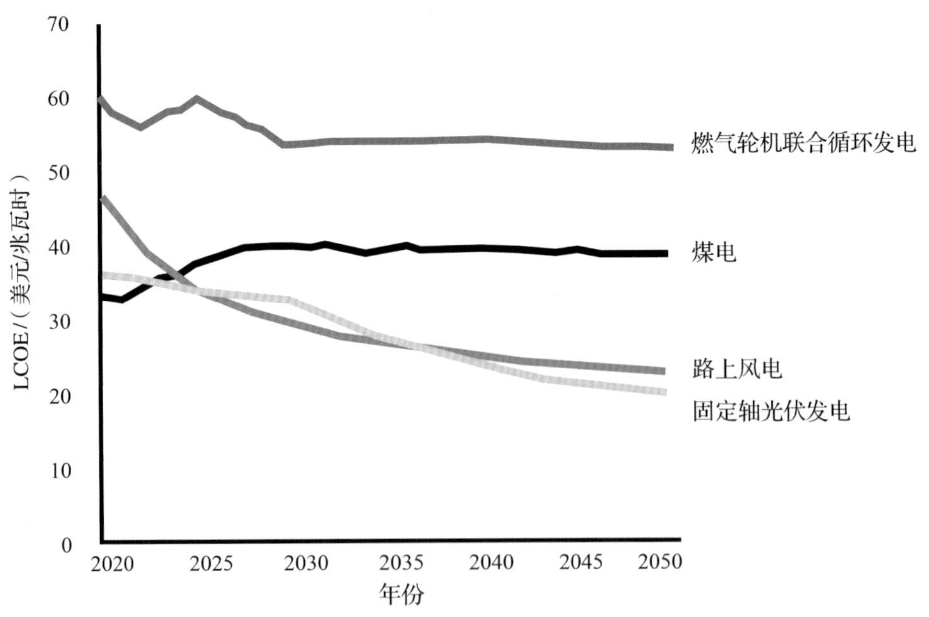

图5-2　我国风电、光伏、火电LCOE预测

由于天然气发电仍有碳排放，在过剩煤电产能被大量淘汰之后，天然气发电将紧随其后面临下一轮市场出清，进而使得零碳排放的风电、光伏成为发电行业的主力，逐步替代传统火电增量及存量。且碳价持续走高可以在一定程度上持续提升电力市场出清价格，风力、光伏发电成本持续降低、市场规模不断增长、电力价格持续上调，未来行业利润或将有较大增长空间。

按照前文预计 CCER 价格为 30 元 / 吨，根据 CCER 暂停前的政策，对以下行业增加的收益进行了测算。

（1）光伏发电

光伏发电厂运营方可以向国家主管部门进行 CCER 项目的登记、备案，通过其减排项目产生的 CCER 可以在碳市场出售，获取经济效益。

光伏发电厂运行寿命为 25 年，而碳排放量回收周期仅为 1.3 年，因此在约 24 年里都是零碳排放。根据测算，光伏发电的排放强度为 33~50 克 / 度，而煤电为 832 克 / 度、气电为 408 克 / 度，光伏发电的排放强度仅为火电的 4%~12%，所以光伏发电在碳减排方面优势明显，能够获得相对更多的 CCER。

按照从光伏发电项目中开发 CCER 的经验，100MW 的光伏发电项目 CCER 年产量为 11 万吨，项目计入期最长为 21 年，CCER 总产量为 231 万吨。按照 CCER 价格为 30 元 / 吨计算，光伏发电项目通过出售 CCER 可以增收 6930 万元，相当于运行 2.3 年的发电收益，可增收 0.035 元 / 度。

以宏润建设集团股份有限公司为例，该公司于 2015 年完成 80MW 并网光伏发电项目的 CCER 备案，第二年获得由国家发展和改革委员会签发的 CCER，并于 2019—2020 年在上海环境能源交易所出售，增收约 112.26 万元。

（2）风力发电

2015—2019 年，我国风电装机容量从 1.47 亿千瓦增长至 2.36 亿千瓦。随着碳交易市场体系的完善与成熟，在碳中和的政策带动下，风电技术有望进一步提升，拉动风电的市场规模，预计我国风电装机容量将在 2022 年达到 299 亿千瓦。

风电在整个发电过程中可实现零碳排放，因此风电项目在实现碳减排方面具有显著优势。风电行业通过 CCER 项目实现创收的过程与光伏发电相似，获得的收益可用于研发风电技术获得更多的 CCER，形成正向循环。经测算，通过出售 CCER，风电项目可增收 0.025 元 / 度，再结合全国的风电实际发电量，在 CCER 交易市场稳定运行后，我国风电行业通过出售 CCER 每年增收将超过 74 亿元。

以中节能乌鲁木齐达坂城风电项目为例，该项目安装了 80 台单机容量为 2.5MW 的风电发电机组，总装机容量 200MW，属于大规模风电项目。根据“项目减排量 = 基准排放量 - 项目排放量”，基准排放量按照该 CCER 项目的方法学测量，2015 年 12 月 27 日至 2017 年 1 月 31 日，该项目的基准排放量为 134152 吨，实际排放量为 0，则项目减排量为 134152 吨。按照 CCER 价格为 30 元 / 吨计算，该项目通过出售 CCER 可以增收 402 万元。

（3）水力发电

水电虽然为清洁的可再生能源，但由于在建设过程中会产生污水、气态污染物和固体废弃物，改变当地植被情况，影响上下游水文情势、鱼类繁殖，破坏生态环境，所以目前我国对水电 CCER 项目限制程度较高。

目前我国碳市场处于起步阶段，CCER 的需求量较大，水电项目发电量大，减排量高，能够为碳市场提供较大的 CCER 供给量，未来其受限程度有望降低。截至 2020 年 10 月 30 日，已备案的水电 CCER 项目仅 32 个，占比 12.6%，减排量为 1342 万吨，占比 25.4%。经测算，通过出售 CCER，水电项目可增收 0.022 元 / 度。

以四川雅砻江桐子林水电站项目为例，该项目采用可再生能源并网发电方法学，以水能转化为电能，没有碳排放。2015 年 10 月 20 日至 2016 年 7 月 25 日，该项目的基准排放量为 952675 吨，实际排放量为 0，则项目减排量为 952675 吨。按照 CCER 价格为 30 元 / 吨计算，该项目可以通过出售 CCER 增收 2858 万元。

（4）垃圾焚烧发电

垃圾焚烧发电是实现垃圾资源化、无害化的重要手段，根据国家统计局数据，2015—2019 年，我国生活垃圾焚烧处理量从 0.62 亿吨持续提升至 1.22 亿吨，焚烧处理量占比从 34.3% 增长至 50.7%，垃圾焚烧发电产业处于高速发展期。

垃圾焚烧在碳减排方面具有两大优势：一是与垃圾填埋比较，垃圾焚烧可避免由于填埋垃圾产生的甲烷等有害气体；二是与火力发电对比，焚烧发电利用焚烧余热替代化石燃料燃烧从而在一定程度上减少温室气体排放。经测算，通过出售 CCER，垃圾焚烧发电项目可增收 7.6 元 / 吨垃圾。

以佛山市南海垃圾焚烧发电一厂改扩建项目为例，该项目利用垃圾焚烧发电，避免垃圾填埋产生的温室气体排放，同时替代南方电网中燃烧化石燃料产生的同等电量，从而减少温室气体的排放。2016 年 6 月 1 日至 2016 年 12 月 31 日，该项目的减排量为 81453 吨。按照 CCER 价格为 30 元 / 吨计算，该项目可以通过出售 CCER 增收 244 万元。

二、电力装备产业顺应碳交易措施

1. 强化能源产业的制造业属性

生产力是人类改造自然届，并从自然界中获得生存和发展所需的物质资料的能力。生产力有三个基本要素：以生产工具为主的劳动资料，引入生产过程的劳动对象（包括自然物以及经劳动加工后的原材料），和具有一定生产经验与劳动技能的劳动者。生产工具的进步可以扩大劳动对象的范围，扩展劳动对象的属性。社会生产的变化和发展，总是肇始于生产力的变化和发展，并且首先是从生产工具的变化和发展开始的。

从能源领域来看，人类从学会使用火、驯化牲畜替代人力，再到建造风车、水车，发明蒸汽机、内燃机和各类电气产品，可以看出，人类的工业革命、生产力发展和社会进步，关键在于获得、支配和运用能源的能力不断提高，这一能力取决于能源装备（生产工具）的发展水平。

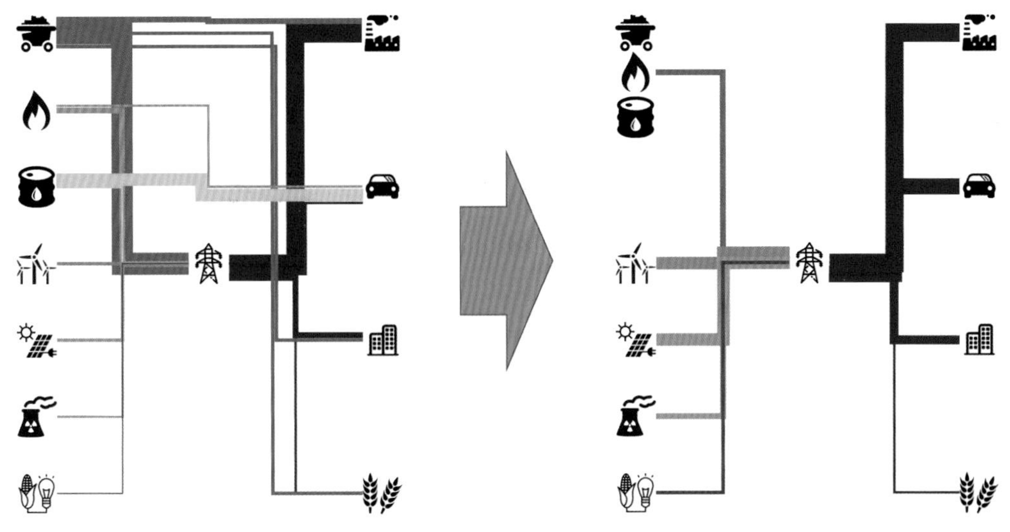

图 5-3　能源系统结构变革

因此，只有革新能源装备，才能改变能源产业的劳动对象。所以为了在获得能源时，使可再生能源替代化石能源成为能源产业主要的自然物劳动对象，在运用能源时，提高电能、氢能等在经加工的劳动对象中的占比（见图 5-3、图 5-4），就要强化能源产业的制造业属性，使我国从能源进口国转变成能源装备和服务出口国。这是我国未来能源产业发展的主要趋势，也是促进人类由无节制生产的工业文明向按需生产的生态文明转型的关键一步。

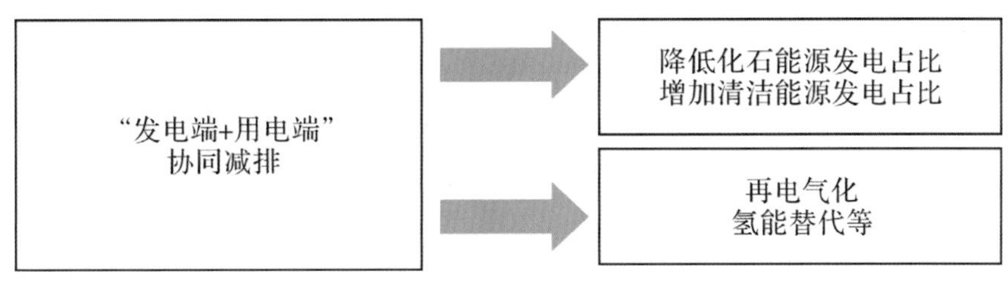

图 5-4　发电端和用电端同时减排

对比当前形势，国际能源署（IEA）制定的《到2050年净零排放路径图》指出，在2020—2025年全球电力行业将贡献超过七成的碳减排量。为了实现2050年净零排放，该路径图要求燃煤发电量每年下降6%以上。然而，如果经济在疫情后复苏，化石燃料发电量将激增，燃煤发电量2021年估计增长约5%，2022年将增长约3%，可能达到峰值。燃气发电量2021年估计增长约1%，2022年将增长约2%。因此，为了实现碳达峰、碳中和目标，需要能源装备全面革新，大规模地加大对清洁能源技术的投资，尤其是提高可再生能源比例和能源利用效率（见表5-1）。

表5-1 碳减相关排路径梳理

类别	细分领域	能源替代	源头减量	回收利用	节能提效	工艺改造
能源	电力	可再生能源	压减火电产能	利用废弃电力	提高发电效能	智慧电网 特高压 能源互联 新能源发电装备
工业	钢铁 水泥 化工 电解铝	电炉 清洁燃料	压减、转移产能	废钢利用 协同处置 材料循环 再生铝	余能利用	流程优化 氢还原 原料替代 提升原子经济性
交通	道路交通 船运 航空	电动车 充电桩 燃料电池车 氢能 加氢站 生物燃料	提高排放标准 禁止销售	汽车拆解回收 电池材料回收	优化充电站布局 提升运效	提升动力效率
农业	—	电气化 分布式能源	限制焚烧 减少化肥 减少农膜	废弃物综合利用	节能装备	提高产量 有机产品
建筑	—	电气化 热泵 分布式能源	降低空置	建筑垃圾回收	建筑节能	装配式建筑

2. 电力装备企业通过 CCER 项目参与碳交易

电力装备产业可以研发在装备制造过程中降低碳排放的技术，并在国家主管部门备案，形成产生 CCER 方法学，装备制造企业接着按照 CCER 方法学开发相关 CCER 项目，最终获得 CCER 在市场上进行交易（见图 5-5）。

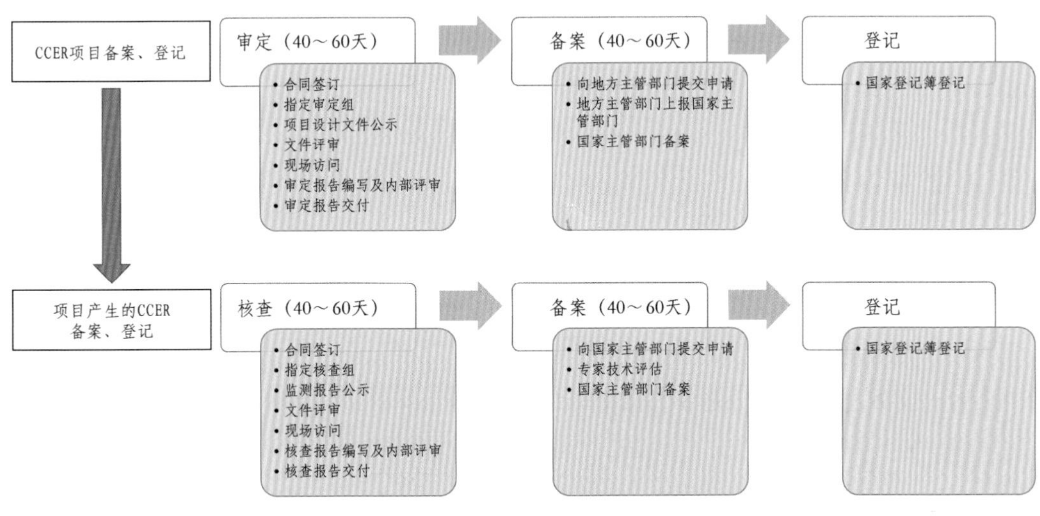

图 5-5　CCER 申请流程

3. 电力装备企业围绕新型电力系统规划发展战略

纳入全国碳市场配额管理的机组有 300MW 等级以上常规燃煤机组，300MW 等级及以下常规燃煤机组，燃煤矸石、煤泥、水煤浆等非常规燃煤机组（含燃煤循环流化床机组）和燃气机组 4 个类别。在未来一段时间内，对这些机组的减排增效改造将是一个重点发展方向。

2021 年 3 月 15 日，习近平总书记主持召开中央财经委员会第九次会议，研究了实现碳达峰、碳中和的基本思路和主要举措。会议指出，要构建清洁低碳安全高效的能源体系，控制化石能源总量，着力提高利用效能，实施可再生能源替代行动，深化电力体制改革，构建以新能源为主体的新型电力系统。

新型电力系统将呈现出“‘两高’+‘两新’”的特点。“两高”是指高比例的可再生能源和高比例的电力电子设备，“两新”是指新技术和新设备（见图 5-6）。

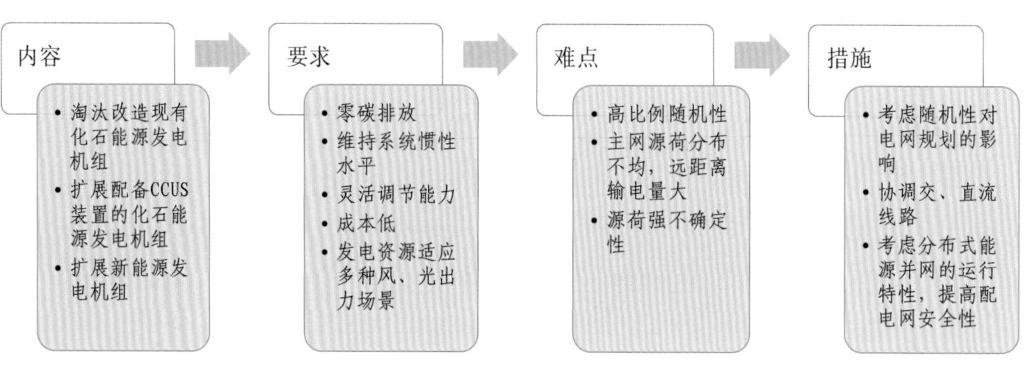

图 5-6　碳中和目标下的电力系统规划

目前，五大发电集团已开始着手新型电力系统布局，同时结合 2030 年风电、太阳能总装机容量将达到 12 亿千瓦以上的约束指标，在未来一段时间内新能源发电厂建设需求将迎来高速增长（见图 5-7）。

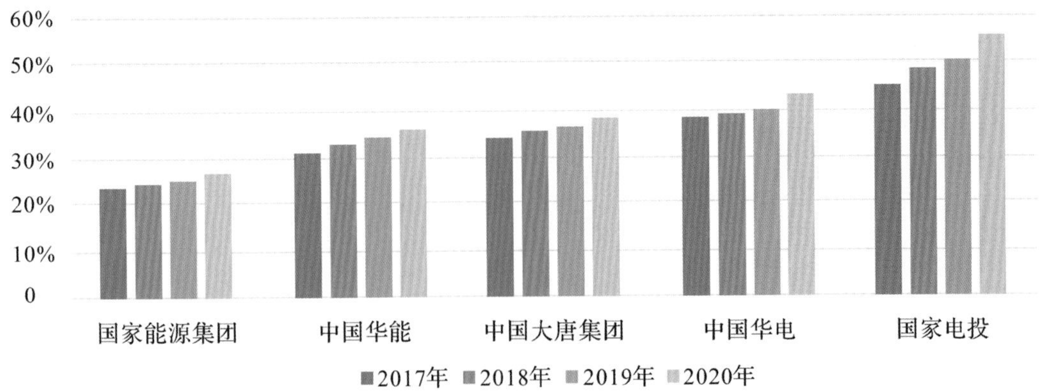

图 5-7 2017—2020 年五大发电集团新能源发电装机容量占比

4. 探索碳吸收技术，部署碳吸收产业

（1）二氧化碳捕集、利用和封存

二氧化碳捕集、利用和封存（Carbon Capture，Utilization and Storage，CCUS）是工业化碳吸收路径，是实现碳中和的必备技术。大规模实施运行 CCUS 的必要条件至少有三个：一是碳吸收的量大于部署运行 CCUS 造成的碳排放；二是碳吸收消耗的能量小于等量碳排放产生的能量；三是碳吸收的经济效益大于等量碳排放的经济效益。前两个条件依靠技术装备革新实现，第三个条件可由碳交易政策实现。

CCUS 将是一个庞大的体系，主要由捕集、运输和封存或利用 3 个环节组成。在碳减排技术全面实施后，将一定区域内必要产生碳排放的设备集中在一处进行捕集，通过交通运输、管道运输等方式将二氧化碳输送至碳封存的单位，封存至地下含水层、储油层等圈层中，以达到成百上千年的稳定封存，或者输送至二氧化碳利用单位，进行再加工（见

图 5-8）。实现这样规模的系统工程将结构性地改变我国制造业乃至各个行业的格局，根本上依赖于我国政治制度和治理体系“集中力量办大事的显著优势”。

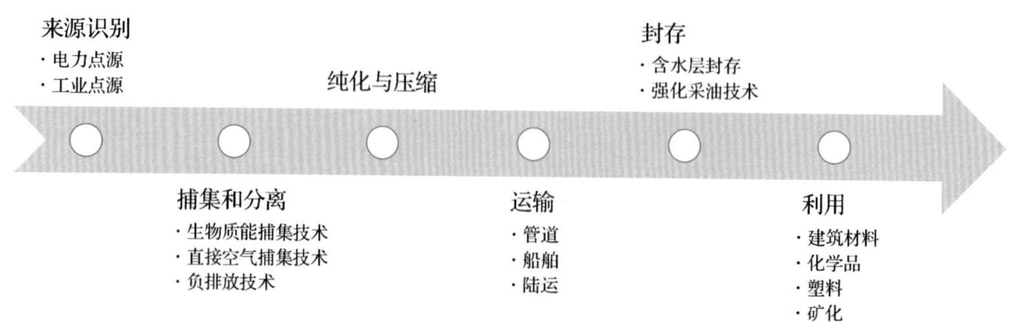

图 5-8　CCUS 关键环节及技术方案

捕集技术方面，燃烧后捕集相对成熟，可用于大部分火电厂脱碳改造，捕集生物质燃烧或转化过程中产生的二氧化碳、利用氢氧化物溶液直接捕集空气中的二氧化碳或将实现负排放；输送技术方面，陆路车载运输和内陆船舶运输较为成熟，管道运输经济性潜力较大；封存技术方面，已发展陆上咸水层封存、海底咸水层封存、枯竭油气田封存等技术，其中海底咸水层封存成本较高；利用技术方面，地质利用的二氧化碳强化石油开采技术，化工利用的合成有机物、矿化利用有可观前景，生物利用的食品、饲料、肥料等的转化产品附加值较高（见图 5-9）。

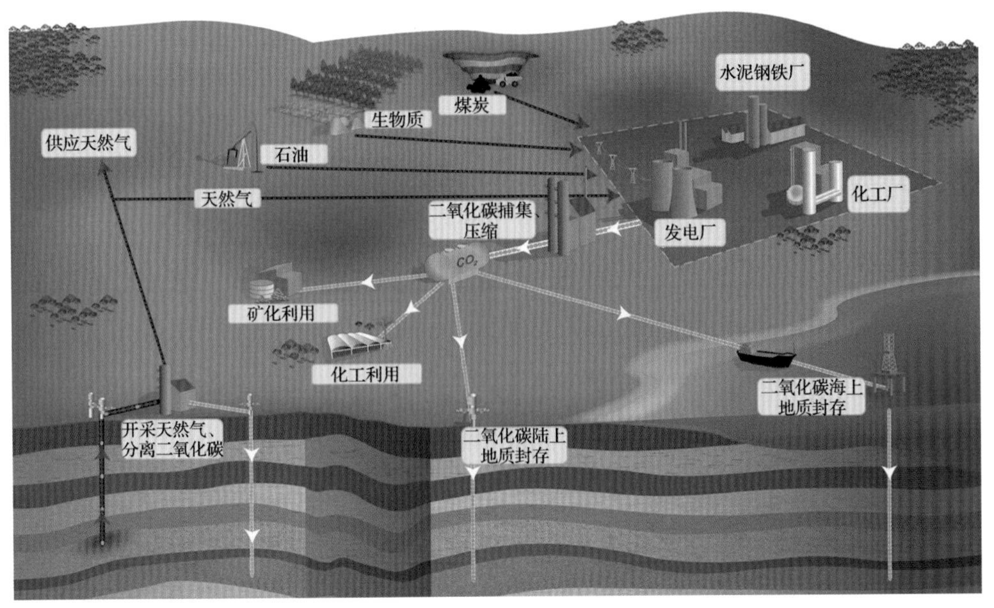

图 5-9　二氧化碳地质封存、利用体系示意

截至 2020 年底，全世界有 65 个商业二氧化碳捕集和封存设施，每年二氧化碳捕集量约为 4000 万吨；我国共有 18 个捕集项目在运行，每年二氧化碳捕集量约为 170 万吨。

随着我国提出碳达峰、碳中和目标，CCUS 迎来了良好的发展机遇。中国人民银行会同国家发展和改革委员会、中国证券监督管理委员会于 2020 年 7 月 8 日发布《绿色债券支持项目目录（2020 年版）》，首次纳入“捕集、利用与封存工程建设和运营”，进一步拓展了项目融资渠道。

受成本影响，目前实现大规模部署 CCUS 仍有难度。在全球大多数地区，CCUS 的成本高于当前碳价。结合《巴黎协定》，为了通过 CCUS 有效减少碳排放，碳价应定位在每吨 40~80 美元，到 2030 年这一定价则应达到 50~100 美元。当前商业激励力度较弱，我国利用碳交易推动 CCUS

技术发展还需进一步完善市场机制。（见表 5-2）

表 5-2 2030 年和 2050 年我国 CCUS 技术总体发展前景预测目标时间

目标时间	2030 年目标	2050 年目标
发展目标	年二氧化碳利用封存量超过 2000 万吨；年产值超过 600 亿元	年二氧化碳利用封存量超过 8 亿吨；年产值超过 3300 亿元
碳捕集	单体（CO_2 浓度超过 70%）年捕集量达到 30 万 ~100 万吨；每吨成本为 90~130 元	单体（CO_2 浓度超过 70%）年捕集量达到 300 万 ~500 万吨；每吨成本为 30~50 元
碳输送	每公里成本为 0.7 元	每公里成本为 0.45 元
地质利用	年二氧化碳利用量超过 700 万吨；年产值超过 60 亿元	年二氧化碳利用量超过 5500 万吨；年产值超过 300 亿元
化工利用	年二氧化碳利用量超过 1000 万吨；年产值超过 20 亿元	年二氧化碳利用量超过 6000 万吨；年产值超过 1500 亿元
生物利用	年二氧化碳利用量超过 150 万吨；年产值超过 300 亿元	年二氧化碳利用量超过 900 万吨；年产值超过 1500 亿元
地质封存	年二氧化碳封存量超过 300 万吨；每吨成本为 40~50 元	年二氧化碳利用量超过 7 亿吨；每吨成本为 25~30 元

（2）生态碳汇

生态碳汇是指利用森林、草地、湿地、农田、海草等吸收大气中的二氧化碳，主要储存形式为木质生物碳、土壤有机碳和溶解有机碳；强调在全球碳循环中，各个生态系统及其所在的生态环境整体发挥平衡和维持的作用。

2020 年，全球森林面积约为 4060 万平方公里，约占全球陆地面积的 31%，森林二氧化碳储存量高达 6620 亿吨，约占全球植被的 77%，森林土壤的二氧化碳储存量约占全球土壤的39%，因此森林是陆地生态系统最重要的碳库。全球陆地生态系统年均固化二氧化碳35亿吨，抵消了30%的人为碳排放；海洋生态系统为26亿吨和23%。我国陆地生态系统二氧化碳储存量约为792亿吨，年均固化二氧化碳2.01亿吨，可抵消同期燃烧化石燃料碳排放量的14.1%，其中森林贡献了约80%。

在我国，福建省依靠丰富的森林资源，启动林业碳汇交易试点，包含森林经营碳汇和造林碳汇。福建省将林业碳汇纳入碳排放权交易体系，是为了通过市场化手段丰富林业资源交易，从而产生额外的经济价值，推动工业生产向林业生态保护转型。福建省率先在省内创新和推广“一元碳汇”和“碳汇 + 会议”模式，在会议期间直接或间接产生的温室气体排放量可以通过购买少量碳汇来抵消；还积极探索基于林业碳汇的金融产品，比如创新设计“售碳 + 远期售碳”组合质押的“碳汇贷”。福建省的林业碳汇通过FSC（国际森林认证）推出的生态系统服务认证程序，有望在2022年进入欧洲市场。

三、电力装备产业顺应碳交易建议

1. 政府层面

一是设立专项财政资金，扶持碳减排技术研发，推进全生命周期碳减排的电力装备产业化；二是发挥中小企业“专精特新”的优势，培育示范性的碳减排产品或中小企业；三是扩大碳排放管理行业、单位的范围，采用碳税、减排补贴等作为碳交易的补充，对排放量低的单位进行管控。

《碳排放权交易管理暂行条例（草案修改稿）》提出，建立国家碳排放交易基金，将碳排放权产生的收入纳入该基金管理，并用于支持全国碳排放权交易市场建设和温室气体削减重点项目。按照 EU ETS 经验，我国碳配额拍卖收入将通过国家再分配大规模投入到绿色产业。

2. 企业主体

一是要研制传统火电机组的低碳减排技术与装备；二是要进行以建设新型电力系统为目标的技术转型，在生产和消费两端进行以二次能源为基础的电气化改造，研制工业再电气化技术与装备，研制适应以新能源为主体的新型电力系统的电力装备，尤其是输配电和用电设备；三是要量化产品运行时的碳排放，并考虑到产品设计中研制碳排放量低的电力装备产品；四是改进制造原材料和工艺等，减少制造过程中的温室气体排放，例如六氟化硫（温室效应等效于二氧化碳的 2.39 万倍左右）封闭式组合电器（GIS）制造企业应减少在生产及设备运营中的六氟化硫排放，并探索使用新型环保气体替代；五是在涉及 CCER 项目的谈判中争取更多利润。

第六章　结论和展望

第六章 结论和展望

本书分析了碳交易在应对气候变化中的作用、碳交易原理和市场机制、国际碳交易市场情况、我国碳交易市场情况，进一步聚焦碳交易对我国电力装备产业的影响，阐述碳交易的根源性和必要性，挖掘碳交易与行业发展的内在联系，探索以碳交易为切入点实现碳达峰、碳中和目标的途径，得出以下结论，并相应地展望了未来形势。

一、碳交易是碳减排同时保持经济发展的必要条件

通过梳理气候变化对人类文明的影响和人类应对气候变化的进程，结合碳交易的经济学原理，可以看出碳交易能优化全社会碳减排成本，这表明碳交易是碳减排同时保持经济发展的必要条件，碳减排是实现碳达峰的

充分条件，碳吸收是实现碳中和的必要条件。

二、碳税与碳交易有机结合是碳减排的可行路径

通过对比分析碳税与碳交易的经济学原理，可以看出这两种政策方案各有特点：碳税更适用于碳排放较低的单位，碳交易更适用于碳排放较高的单位。这两种政策可以相互补充、有机结合。在我国进一步推进治理能力和治理体系现代化的背景下，未来或将实行碳税与碳交易相结合的碳减排复合政策机制。

三、配额总量控制和有偿分配是必然趋势

通过对比分析国际部分成熟的碳交易体系，可以发现碳交易市场配额总量应基于国家减排目标进行控制，并稳步扩大有偿分配的配额占比，适时取消抵消机制。这表明碳交易政策逐步收紧是必然趋势，或将通过衍生的金融产品提高市场灵活性。

四、配额有偿分配助推绿色产业蓬勃发展

通过梳理分析我国碳交易政策，对比碳排放配额交易市场和自愿减排量交易市场的发展形势，可以发现若实行配额有偿分配，其规模将远大于CCER交易市场，这表明政府把配额有偿分配的收入投入到绿色产业，将

比 CCER 交易在支持绿色产业发展中的作用更大。

五、煤电安全有序转型支撑新型电力系统

通过分析火电行业与碳交易未来发展趋势，可以发现基于我国能源资源的基本情况，使用燃气机组逐步替代燃煤机组难度较大，火电行业升级转型后仍将以煤电为主，并作为我国电力系统供能安全和调能安全的基础保障，立足托底保供和重要负荷中心支撑性电源的新定位，支撑以新能源为主体的新型电力系统，这表明未来一段时间研制燃煤机组的减排技术与装备仍是重点。

六、能源产业回归制造业属性引起经济社会变革

通过分析能源产业在生产力发展中的关键作用以及生产力要素在能源产业中的对应关系，可以看出能源技术装备的革命性进步是改变主要能源类型、能源应用方式的根本动力。这表明，要逐步增强能源产业的制造业属性，实现能源技术装备革新，这将带来广泛而深刻的经济社会变革，或将是工业文明向生态文明转型的新起点。

碳交易对电力装备产业既是机遇也是挑战。在碳达峰、碳中和进程中，把握碳交易催生新技术和新装备、推动技术革新与技术进步的发展机遇，充分利用好碳交易带给装备制造业的发展“红利”。同时要未雨绸缪，冷静应对碳交易带来的溢出效应，积极落实国家宏观政策、承担行业减排职

责、贡献行业智慧。

“碳达峰、碳中和”是未来长期的发展主题。只有电力装备产业行稳致远，构建人类命运共同体和人类可持续发展的进程才能得到有力保障。我们要紧密团结在以习近平同志为核心的党中央周围，高举中国特色社会主义伟大旗帜，践行使命、诠释担当、谋划未来，为全面建成社会主义现代化强国、实现中华民族伟大复兴做出新的更大贡献。

参考文献

[1] 何建坤 . 积极推进中国特色全国碳排放权交易市场建设 [N]. 中国环境报 ,2019-09-27(003).

[2] Glen Fergus.Temperature of Planet Earth[EB/OL].(2015-06-02)[2021-12-13].http://gergs.net/all_palaeotemps/.

[3] 竺可桢 . 中国近五千年来气候变迁的初步研究 [J]. 中国科学 ,1973(2):168-189.

[4] Leland McInnes.Temperature and CO Records[EB/OL].(2015-09-06)[2021-12-13].https://commons.wikimedia.org/wiki/File:Co2-temperature-records.svg.

[5] 世界气象组织 .WMO 温室气体公报：基于 2019 年全球观测资料的大气温室气体状况 [EB/OL].(2020-11-23)[2021-12-13].https://library.wmo.int/doc_num.php?explnum_id=10463.

[6] NASA/GISS.Land-Ocean Temperature Index[DB/OL](2020)[2021-12-13].https://data.giss.nasa.gov/gistemp/graphs/graph_data/Global_Mean_Estimates_based_on_Land_and_Ocean_Data/graph.txt.

[7] NSIDC.Sea Ice Index.[DB/OL](2021-12-01)[2021-12-13].https://masie_web.apps.nsidc.org/pub//DATASETS/NOAA/G02135/.

[8] 碳中和专业委员会 .《中国气候变化蓝皮书（2021）》重磅发布！ [EB/OL](2021-08-05)[2021-12-13].https://zhuanlan.zhihu.com/p/396689293.

[9] 能源基金会 . 中国碳中和综合报告 2020——中国现代化的新征程：“十四五”到碳中和的新增长故事 [EB/OL].(2020-12)[2021-12-13].https://www.efchina.org/Attachments/Report/report-lceg-20201210/Full-Report_Synthesis-Report-2020-on-Chinas-Carbon-Neutrality_ZH.pdf.

[10] 中华人民共和国国家发展和改革委员会 . 全国碳排放权交易市场建设方案（发电行业）：发改气候规〔2017〕2191 号 [A/OL].(2017-12-18)[2021-12-13].https://www.ndrc.gov.cn/xxgk/zcfb/ghxwj/201712/t20171220_960930.html?code=&state=123.

[11] 国家发展和改革委员会办公厅 . 关于开展碳排放权交易试点工作的通知：发改办气候〔2011〕2601 号 [A/OL].(2011-10-29)[2021-12-13].https://zfxxgk.ndrc.gov.cn/web/iteminfo.jsp?id=1349.

[12] 中共中央办公厅 国务院办公厅印发《关于设立统一规范的国家生态文明试验区的意见》及《国家生态文明试验区 (福建) 实施

方案》[J]. 中华人民共和国国务院公报 ,2016(26):5-15.

[13] 段茂盛 , 庞韬 . 碳排放权交易体系的基本要素 [J]. 中国人口·资源与环境 ,2013,23(3):110-117.

[14] 章轲 . 研究揭示我国城市碳达峰趋势五大类型，具体药方怎么开？ [EB/OL].(2021-01-03)[2021-12-13].https://www.yicai.com/news/100899141.html.

[15] 刘俊 . 碳中和，离我们还有多远：交运篇 [EB/OL].(2020-12-07)[2021-12-13].https://finance.sina.com.cn/stock/stockzmt/2020-12-07/doc-iiznctke5149409.shtml.

[16] 周小松 .2021 年全球及主要国家碳排放市场现状及分析 [EB/OL].(2021-07-13)[2021-12-13].https://www.qianzhan.com/analyst/detail/220/210713-4d33ef2d.html.

[17] 人民网 - 理论频道 . 如何理解使市场在资源配置中起决定性作用？[EB/OL].(2013-11-28)[2021-12-13].http://theory.people.com.cn/n/2013/1128/c371950-23682809.html.

[18] 胡杨低碳频道 . 中国碳交易市场经验系列 1——碳排放权交易体系的构建要素 [EB/OL].(2021-07-18)[2021-12-13].https://zhuanlan.zhihu.com/p/390722680.

[19] 国际碳行动伙伴组织 . 全球碳市场进展：2021 年度报告执行摘要 [M]. 柏林：国际碳行动伙伴组织 ,2021:10,13,15.

[20] European Commission.Proposal for a regulation of the

european parliament and of the council establishing a carbon border adjustment mechanism[EB/OL].(2021-07-14)[2021-12-13].https://eur-lex.europa.eu/legal-content/en/TXT/?uri=CELEX:52021PC0564.

[21] 吴必轩.谨慎地创造游戏规则——欧盟最新“碳关税”法案详解[EB/OL].(2021-07-16)[2021-12-13].http://m.eeo.com.cn/2021/0716/495072.shtml.

[22] Eurostat.International trade in goods[DB/OL](2021-11-15)[2021-12-13].https://ec.europa.eu/eurostat/web/international-trade-in-goods/data/database.

[23] 南方能源观察.欧盟碳边境调节机制：浅析欧盟委员会的立法提案及其对中国的潜在影响[EB/OL].(2021-08-20)[2021-12-13].https://www.in-en.com/article/html/energy-2306904.shtml.

[24] 中华人民共和国生态环境部.碳排放权交易管理办法（试行）：生态环境部令 第19号[A/OL].(2020-12-31)[2021-12-13].http://www.gov.cn/zhengce/zhengceku/2021-01/06/content_5577360.htm.

[25] 中华人民共和国生态环境部.关于印发《2019-2020年全国碳排放权交易配额总量设定与分配实施方案（发电行业）》《纳入2019-2020年全国碳排放权交易配额管理的重点排放单位名单》并做好发电行业配额预分配工作的通知：国环规气候〔2020〕3号[A/OL].(2020-12-30)[2021-12-13].https://www.mee.gov.cn/xxgk2018/xxgk/xxgk03/202012/t20201230_815546.html.

[26] 十六姐 . 国家核证自愿减排项目（CCER 项目）的前世今生[EB/OL](2021-06-25)[2021-12-13].https://zhuanlan.zhihu.com/p/361690006.

[27] 中国自愿减排交易信息平台 . 备案项目 [EB/OL].(2016-09-08)[2021-12-13].http://cdm.ccchina.org.cn/zyblist.aspx?clmId=164.

[28] 中华人民共和国国家发展和改革委员会 . 温室气体自愿减排交易管理暂行办法 [A/OL].(2012-6-13)[2021-12-13].http://www.beijing.gov.cn/zhengce/zhengcefagui/qtwj/201611/t20161115_1162096.html.

[29] European Commission.Report from the commission to the european parliament and the council report on the functioning of the European carbon market[EB/OL].(2020-11-18)[2021-12-13].https://eur-lex.europa.eu/legal-content/EN/TXT/?uri=CELEX:52020DC0740.

[30] 中华人民共和国财政部 .2021 年中央政府性基金支出预算表 [A/OL].(2021-03-23)[2021-12-13].http://yss.mof.gov.cn/2021zyys/202103/t20210323_3674857.htm.

[31] 国家发展改革委 , 财政部 , 国家能源局 . 关于试行可再生能源绿色电力证书核发及自愿认购交易制度的通知：发改能源〔2017〕132 号 [A/OL].(2017-02-06)[2021-12-13].https://www.mee.gov.cn/xxgk2018/xxgk/xxgk03/202012/t20201230_815546.html.

[32] 中华人民共和国国家发展改革委 , 国家能源局 . 关于建立健全可再生能源电力消纳保障机制的通知：发改能源〔2019〕807

号 [A/OL].(2019-05-10)[2021-12-13].http://www.gov.cn/zhengce/zhengceku/2019-09/25/content_5432993.htm.

[33] 秦炎 . 欧洲碳市场和电力市场互相融合，助力绿色转型 [EB/OL].(2020-01-03)[2021-12-13].https://www.refinitiv.cn/blog/market-insights/the-integration-of-the-european-carbon-and-electricity-markets-facilitates-green-transformation/.

[34] 马莉 . 绿色电力交易，助推我国能源消费绿色升级 [EB/OL].(2021-09-27)[2021-12-13].https://www.ndrc.gov.cn/fggz/fgzy/xmtjd/202109/t20210927_1297841.html?code=&state=123.

[35] 郭伟 . 碳市场发展对能源行业的机遇与挑战 [J]. 能源 ,2015(2):102-105.

[36] 彭桂云 , 孙友源 , 张继广 , 郭振 , 周保中 , 邹晓辉 . 碳市场和电力市场耦合影响下区域公司应对策略研究 [EB/OL].(2021-05-06)[2021-12-13].https://m.in-en.com/finance/html/energy-2246919.shtml.

[37] Agora Energiewende.The european power sector in 2020[DB/OL].(2021-01-25)[2021-12-13].https://www.agora-energiewende.de/en/publications/the-european-power-sector-in-2020-data-attachment/.

[38] IEA.Global electricity demand is growing faster than renewables, driving strong increase in generation from fossil fuels[EB/OL].(2021-07-15)[2021-12-13].https://www.iea.org/news/global-electricity-demand-is-growing-faster-than-renewables-driving-

strong-increase-in-generation-from-fossil-fuels.

[39] 黄晓勇 . 发展 CCS、CCUS、绿氢化工：煤化工、油化工的低碳路径 [J]. 中国石油石化 ,2021(11):32-33.

[40] 郑江洛 . 福建林业碳汇创新发展有望今年进入欧洲市场 [EB/OL]. (2021-07-05)[2021-12-13].http://fj.people.com.cn/n2/2021/0705/c181466-34805669.html.